技工院校一体化课程教学改革电子技术应用专业教材

电 气 布 线

人力资源和社会保障部教材办公室组织编写

中国劳动社会保障出版社

内容简介

本书主要内容包括单联单控电路的安装、双联双控电路的安装、客厅线路的安装和套房线路的安装四个学习任务。

图书在版编目(CIP)数据

电气布线/人力资源和社会保障部教材办公室组织编写. —北京：中国劳动社会保障出版社，2016

技工院校一体化课程教学改革电子技术应用专业教材

ISBN 978-7-5167-2796-6

Ⅰ. ①电… Ⅱ. ①人… Ⅲ. ①电气设备-电路-布线-技工学校-教材 Ⅳ. ①TM05

中国版本图书馆CIP数据核字(2016)第226242号

中国劳动社会保障出版社出版发行

(北京市惠新东街1号 邮政编码：100029)

*

北京市艺辉印刷有限公司印刷装订 新华书店经销

787毫米×1092毫米 16开本 14.25印张 251千字

2016年11月第1版 2022年7月第2次印刷

定价：27.00元

读者服务部电话：(010)64929211/84209101/64921644

营销中心电话：(010)64962347

出版社网址：http://www.class.com.cn

http://jg.class.com.cn

技工院校一体化课程教学改革教材编委会名单

编审人员

主　编：赖勋忠

副主编：唐　宇

参　编：涂　伟　万　军　单树明　邓文新

主　审：冯　松

序

习近平总书记指示："职业教育是国民教育体系和人力资源开发的重要组成部分，是广大青年打开通往成功成才大门的重要途径，肩负着培养多样化人才、传承技术技能、促进就业创业的重要职责，必须高度重视、加快发展。"技工教育是职业教育的重要组成部分，是系统培养技能人才的重要途径。多年来，技工院校始终紧紧围绕国家经济发展和劳动者就业，以满足经济发展和企业对技术工人的需求为办学宗旨，既注重包括专业技能在内的综合职业能力的培养，也强调精益求精的工匠精神的培育，为国家培养了大批生产一线技能劳动者和后备高技能人才。

随着加快转变经济发展方式、推进经济结构调整以及大力发展高端制造业等新兴战略性产业，迫切需要加快培养一批具有精湛技能和高超技艺的技能人才。为了进一步发挥技工院校在技能人才培养中的基础作用，切实提高培养质量，从2009年开始，我部借鉴国内外职业教育先进经验，在全国130余所技工院校先后启动了两批共计15个专业（课程）的一体化课程教学改革试点工作，推进以职业活动为导向，以校企合作为基础，以综合职业能力培养为核心，理论教学与技能操作融合贯通的一体化课程教学改革。这项改革试点将传统的以学历为基础的职业教育转变为以职业技能为基础的职业能力教育，促进了职业教育从知识教育向能力培养转变，努力实现"教、学、做"融为一体，收到了积极成效。改革试点得到了学校师生的充分认可，普遍反映一体化课程教学改革是技工院校一次"教学革命"，学生的学习热情、综合素质和教学组织形式、教学手段都发生了根本性变化。试点的成果表明，一体化课程教学改革是转变技能人才培养模式的重要抓手，是推动技工院校改革发展的重要举措，也是人力资源社会保障部门加强技工教育和职业培训工作的一个重点项目。

教学改革的成果最终要以教材为载体进行体现和传播。根据我部推进一体化课程教学改革的要求，一体化课程教学改革专家、几百位试点院校的骨干教师以及中国人力资源和社会保障出版集团的编辑团队，组织实施了一体化课程教学改革试点，并将试点中形成的课程成果进行了整理、提炼，汇编成“活页”教材。继 2012 年第一批试点专业教材正式出版之后，第二批试点专业教材经过试用、修改完善，将陆续正式出版。希望全国技工院校将一体化课程教学改革作为创新人才培养模式、提高人才培养质量的重要抓手，进一步推动教学改革，促进内涵发展，提升办学质量，为加快培养合格的技能人才做出新的更大贡献！

技工院校一体化课程教学改革

教材编委会

2016年10月

活页式教材使用说明

◆ 页码编排方式

为了更加方便地在教材中增删和替换内容，页码采用“学习任务编号－学习活动编号－页码号”三级编排形式，如“3–2–4”表示“学习任务三”的“学习活动 2”的第 4 页。

◆ 过程评价表使用方法

教材中设计了“自评表”“互评表”“教师总评表”“综合评价表”等评价表格，表头上有“班级”“姓名”“学号”等信息栏，从活页教材中取出评价表填写后可以单独提交。

◆ 教材内容更新方法

中国人力资源和社会保障出版集团将根据一体化课程教学改革的推进以及科学技术的发展和不同地域的需要，不断补充和更新教材中的学习任务和学习活动，学校可以从“一体化课程教学改革教学资源网（http://zyjy.class.com.cn）”下载（需在网站注册）。通过网站还可以了解到更多的一体化课程教学改革信息和下载相关资源。

◆ 便携式活页夹和 PVC 保护板使用方法

对于带活页外夹的教材，使用其内附赠的便携式活页夹，可以灵活方便地将教材中部分内容携带至一体化教学场地。教材内附的整张 PVC 保护板可以作为学习记录垫板使用。

◆ 参考用书选用方法

在学习过程中，学生需要查阅大量参考资料，下表为中国人力资源和社会保障出版集团出版的适宜本专业一体化教学使用的参考书目录。

电子技术应用专业一体化教学
参考书目录（中级阶段）

序号	书号	书名
1	978-7-5045-7611-8	电工基础（第三版）
2	978-7-5045-7632-3	模拟电路基础
3	978-7-5045-7624-8	数字电路基础
4	978-7-5045-7680-4	无线电基础（第四版）
5	978-7-5045-7622-4	电子测量与仪器（第四版）
6	978-7-5045-7607-1	机械知识与钳工技能训练
7	978-7-5045-7637-8	机械识图与电气制图（第四版）
8	7-5045-4166-4	电子CAD
9	978-7-5045-7686-6	传感器基础知识
10	978-7-5045-7658-3	电子基本操作技能（第四版）
11	978-7-5045-8518-9	无线电工艺（第二版）
12	978-7-5167-1248-1	维修电工技能训练（第五版）

目　　录

学习任务一　单联单控电路的安装

学习目标

1. 能树立自觉遵守电工安全操作规程的意识。

2. 能描述常见的触电方式，正确采取措施预防触电，并能实施触电急救。

3. 能根据单联单控电路安装工作联系单，明确工时、工作内容等要求，并制订工作计划。

4. 能正确识读单联单控电路原理图、施工图，并通过勘察施工现场，准确描述现场特征。

5. 能正确识别导线、开关、灯具等电工材料，并能使用电工工具（斜口钳、剥线钳等）对导线进行去绝缘层处理和导线连接，确保工艺规范。

6. 能正确计算用电器功率，并据此选择合适的导线。

7. 能根据现场勘察结果和任务要求，制定单联单控电路安装施工方案。

8. 能根据任务要求和施工图样，列举所需工具和材料清单，准备工具，领取材料。

9. 能按照图样、工艺要求和安装规程要求，规范地进行单联单控电路的安装，并用万用表、验电器等仪器进行通电测试。

10. 能按照电工作业规程和生产现场管理 6S 标准，在作业完毕后清点、整理工具，收集剩余材料，归置物品，清理工程垃圾，拆除防护设施。

11. 能正确填写工作联系单的验收项目，与项目负责人有效沟通并交付验收。

12. 能对单联单控电路的安装过程进行总结、评价和成果展示。

建议学时

54 学时

工作情境描述

某客户家面积 5 m^2 的阳台需要安装一盏可以实现普通照明功能的螺口节能灯，采用单联单控方式。安装公司接受该项工作任务后，开出工作联系单，要求施工人员在 1 天之内完成单联单控开关、18 W 螺口节能灯的安装和线路敷设。施工完毕后交由项目负责人验收。

工作流程与活动

1. 安全用电与触电急救（8 学时）
2. 明确工作任务，勘察施工现场（6 学时）
3. 施工前准备（24 学时）
4. 现场施工与交付验收（12 学时）
5. 工作总结与评价（4 学时）

学习活动1　安全用电与触电急救

学习目标

1. 能叙述安全用电基本常识，树立自觉遵守电工安全操作规程的意识。

2. 能描述常见的触电方式，正确采取措施预防触电。

3. 能正确使用灭火器扑救电气火灾。

4. 能使触电者尽快脱离电源。

5. 能正确实施触电急救。

建议学时：8 学时。

学习过程

一、观看录像，讨论触电现象及发生原因

观看安全用电录像，根据录像内容讨论触电事故发生的可能原因，并记录在表 1—1—1 中。

表 **1—1—1**

事故现象	触电原因

二、了解电工安全操作规程

电气布线操作经常要接触 220 V 甚至更高等级的电压，带有一定的危险性。因此，为确保人身、设备的安全，电气布线操作者必须接受用电安全教育，在系统掌握电工基础知识和安全操作规程后，才能参加电气布线的施工操作。试在教师指导下，查阅电工安全操作规程的相关内容，并回答下列问题。

1. 电工属于特种作业人员，必须经国家安全生产监督管理总局统一考试合格后，核发全国统一的什么证件才可以上岗作业？定期几年复审一次？

2. 国家规定，电工在作业时必须几人同时作业？分工是什么？

3. 在全部停电或部分停电的电气设备（线路）上工作时，应采取怎样的防触电措施？

4. 检修电气设备（线路）时，应做好哪些安全防护措施？

5. 高空作业时，应做好哪些防护措施？

6. 常用的绝缘检验工具有哪些？其保存和使用注意事项分别是什么？

三、了解输配电基本知识

要做到安全、规范地使用电能，一方面应严格遵守相关规章制度；另一方面应对电的基本知识有所了解，如电的产生与传送过程、电的基本特性等。

1. 日常生产生活中所用的电能一般是由发电厂的设备将其他形式的能转化而来的。自然界中的很多能源都可以通过一定方式转化为电能供人们使用，如热能、水能、核能、风能、太阳能等。查阅相关资料，补全表1—1—2所列各资料卡片中的内容，了解各种发电方式的特点。

表1—1—2

火力发电	
能量来源：	
我国主要的火力发电厂（列举2～3个）：	
火力发电的优点：	火力发电的缺点：

续表

<table>
<tr><td colspan="2">水力发电</td></tr>
<tr><td>能量来源：</td><td rowspan="2"></td></tr>
<tr><td>我国主要的水力发电厂（列举2～3个）：</td></tr>
<tr><td>水力发电的优点：</td><td>水力发电的缺点：</td></tr>
<tr><td colspan="2">核能发电</td></tr>
<tr><td>能量来源：</td><td rowspan="2"></td></tr>
<tr><td>我国主要的核电站（列举2～3个）：</td></tr>
<tr><td>核能发电的优点：</td><td>核能发电的缺点：</td></tr>
</table>

续表

风力发电	
能量来源：	
我国主要的风力发电厂（列举 2 ~ 3 个）：	
风力发电的优点：	风力发电的缺点：
太阳能发电	
能量来源：	
我国主要的太阳能发电厂（列举 2 ~ 3 个）：	
太阳能发电的优点：	太阳能发电的缺点：

2. 发电厂生产出电能后，需要通过输配电线路运送到用户处，供用户使用。图 1—1—1 所示电力传输图描述了我国电力生产、传输的全过程。仔细观察该电力传输图，查阅相关资料，回答下列问题。

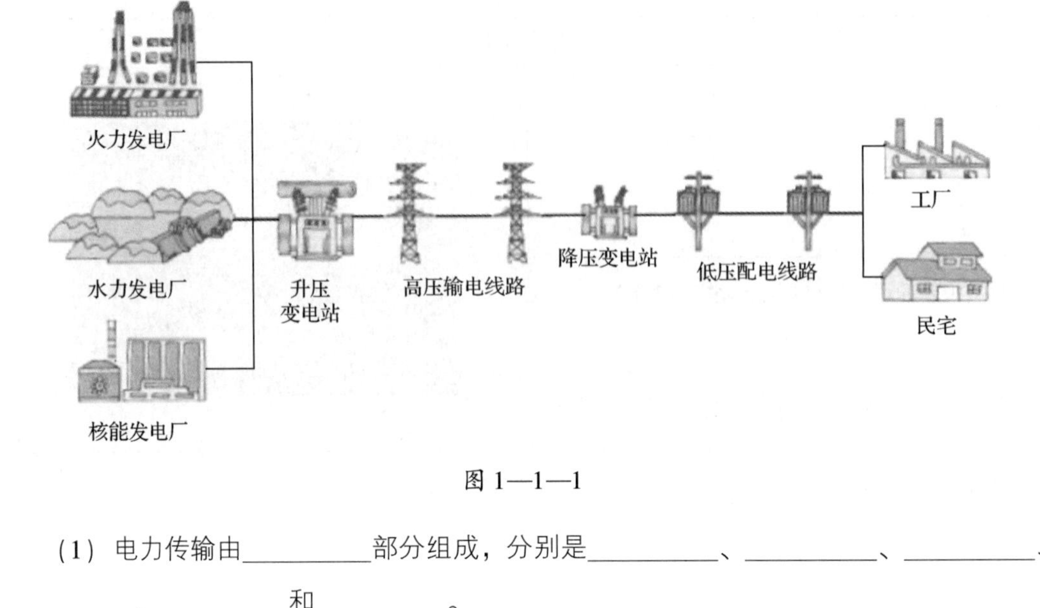

图 1—1—1

（1）电力传输由________部分组成，分别是________、________、________、________、________和________。

（2）在远距离传输过程中，为什么要使用高压输电线？一般采用的是铜线传输还是铝线传输？为什么？它们的优缺点各是什么？

四、认识交流电和直流电

1. 日常生活中使用的电，可以分为直流电和交流电两大类。交流电（Alternating Current，AC）的大小和方向都随时间的变化而变化，其中应用较为广泛的是大小和方向按正弦规律变化的正弦交流电。直流电（Direct Current，DC）则方向不变，应用较为广泛的是大小和方向都不随时间变化的稳恒直流电。试根据交直流电概念判断图 1—1—2 所示图形中，哪些是交流电，哪些是直流电。

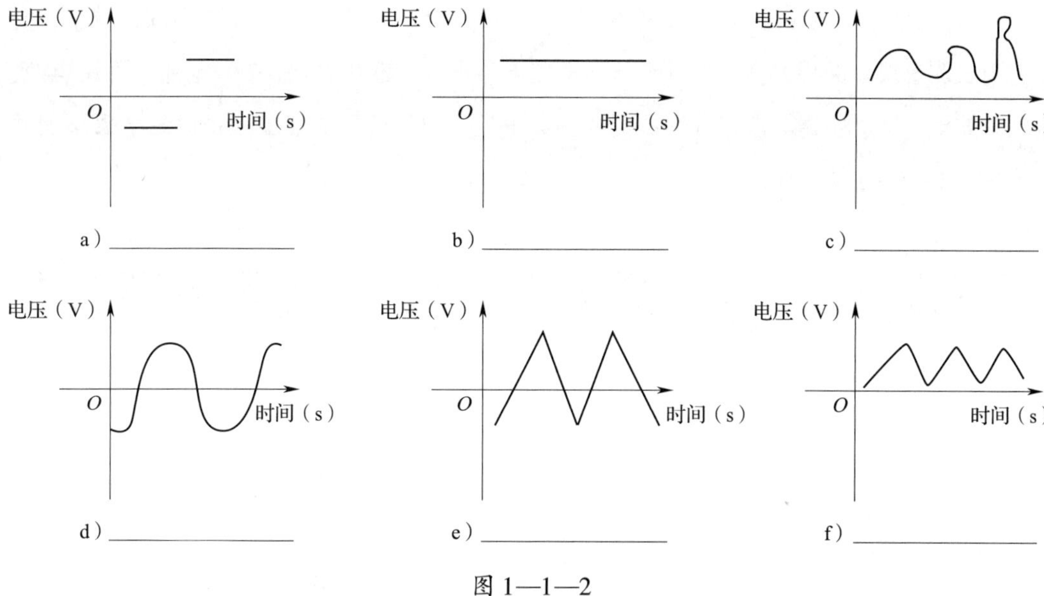

图 1—1—2

2. 观察教师所做的正弦交流电、稳恒直流电测量演示实验，在教师的引导下，查阅相关资料，将实验结果和相关基本知识记录在表 1—1—3 中。

表 **1—1—3**

<table>
<tr><th colspan="2">项目</th><th colspan="2">正弦交流电</th><th colspan="2">稳恒直流电</th></tr>
<tr><td colspan="2">示波器图形</td><td colspan="2"></td><td colspan="2"></td></tr>
<tr><td colspan="2">万用表直流挡测量值</td><td colspan="2"></td><td colspan="2"></td></tr>
<tr><td colspan="2">万用表交流挡测量值</td><td colspan="2"></td><td colspan="2"></td></tr>
<tr><td colspan="2">基本概念</td><td colspan="2"></td><td colspan="2"></td></tr>
<tr><td rowspan="4">表示方法</td><td rowspan="2">符号</td><td>电压</td><td>电流</td><td>电压</td><td>电流</td></tr>
<tr><td></td><td></td><td></td><td></td></tr>
<tr><td>数学表达式</td><td></td><td></td><td></td><td></td></tr>
<tr><td>波形图</td><td></td><td></td><td></td><td></td></tr>
</table>

3. 无论是交流电还是直流电，在生产生活中都有着广泛的应用，在教师的引导下，利用万用表测量或查阅相关资料，讨论一下学校电源插座、家中插座、7 号电池、手机电池、电动车充电电池、空调插座等分别提供哪一类电流，电压分别是多少。将讨论结果整理并记录在表 1—1—4 中。

表 1—1—4

被测项目	电流类型	电压
学校电源插座		
家中插座		
7 号电池		
手机电池		
电动车充电电池		
空调插座		

小提示

一般情况下，两孔插座是“左零右火”，三孔插座是“左零右火上接地”。直流电源的正负极应注意观察电源上标示的“+”和“-”。

4. 万用表是最常用的测量仪表之一，它是一种可以测量多种电量、具有多种量程的便携式仪表。常用的万用表有指针式和数字式两种，指针式万用表一般由表头（测量机构）、测量线路和转换开关三部分组成。查阅相关资料，学习使用万用表测量交直流电压、电流及电阻等的方法，并回答下列问题。

（1）万用表可以测量交流电压，也可以测量直流电压。交流电压挡位用 $\underset{\sim}{V}$ 表示，直流电压挡位用 $\underline{V}$ 表示。仔细观察图 1—1—3 所示万用表转换开关及表盘，找出测量交流电压的部分，说出它的挡位数量；找出测量直流电压的部分，说出它的挡位数量。

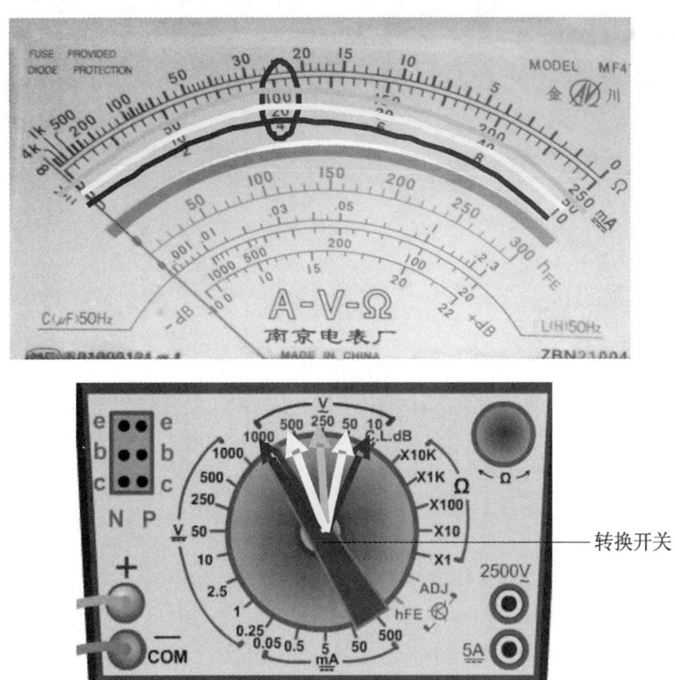

图 1—1—3

（2）万用表电流挡位的基本单位是什么？

（3）用万用表测量电阻时，选择挡位应遵循什么原则？万用表转换开关右上方旋钮“Ω”的用途是什么？

（4）用万用表测量电阻时有哪些注意事项？测量电阻时，在哪个挡位需要添加9 V 电池？

（5）万用表转换开关右下方的“2 500 V”和“5 A”的用途是什么？

（6）万用表转换开关左上方的“N”和“P”代表的含义是什么？

小资料

万用表使用注意事项

◆ 在使用万用表之前，应先进行“机械调零”，即在没有被测电量时，使万用表指针指在零电压或零电流的位置上。

◆ 在使用万用表的过程中，不能用手接触表笔的金属部分，一方面可以保证测量的准确性，另一方面也可以保证人身安全。

◆ 在测量某一电量时，不能在测量的同时换挡，尤其是在测量高电压或大电流时更应注意，否则会使万用表损坏。如需换挡，应先断开表笔，换挡后再去测量。

◆ 万用表在使用时，必须水平放置，以免造成误差。同时，还要注意避免外界磁场对万用表的影响。

◆ 万用表使用完毕，应将转换开关置于交流电压的最大挡。如果长期不用，还应将万用表内部的电池取出，以免电池腐蚀表内其他器件。

5. 交流电呈周期性变化一次所用的时间称为周期，常用 T 表示，单位为秒（s）。交流电 1 s 内变化的次数称为频率，常用 f 表示，单位为赫兹（Hz）。频率与周期互为倒数，即 $f=$

$1/T$。我国电网的交流电每 0.02 s 变化一次，每 1 s 变化 50 次，也就是说，我国电网交流电的频率是 50 Hz，常称为工频。交流电的大小和方向都随时间的变化而变化，其每一时刻的值称为瞬时值，在整个变化过程中最大时的值称为最大值，如图 1—1—4 所示。除了瞬时值和最大值，在实际应用中为了更方便地描述交流电，人们还常使用有效值，查阅相关资料，写出有效值的定义。有效值与最大值之间的关系是什么？前面实验中万用表交流挡所测出的是什么值？此外，图 1—1—4 中还有一个“初相位”的标注，试说明其含义。

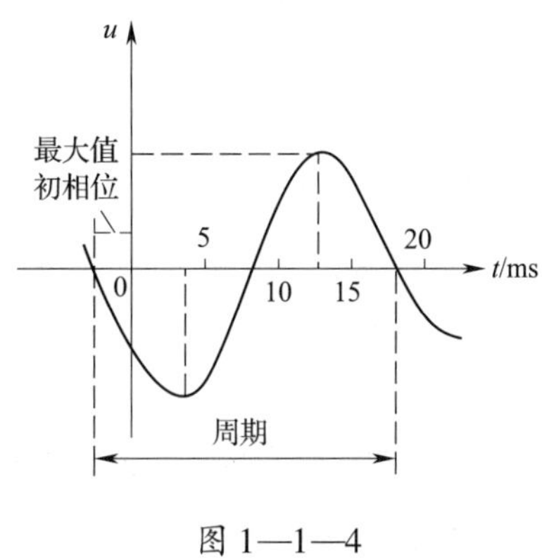

图 1—1—4

6. 观察电力供电线路所采用的架空线和电缆线，可以发现它们通常都由三根线组成。因为电力供电线路所输送的都是三相交流电，三相交流电是由三相交流发电机产生的。发电机产生的三个交流电动势达到最大值的先后顺序称为相序，相序有正序和负序之分。一般规定，在正序时的三个正弦交流电分别称为 U 相、V 相、W 相，即正序时电动势到达最大值的顺序是 U→V→W→U。发电机上这三条引出线使用不同的颜色区分。查阅相关资料，写出 U、V、W 三相分别使用哪种颜色标记。在负序情况下，这三相电动势到达最大值的顺序是什么？

7. 在低压供电系统中，为了节省材料，通常采用三相四线制供电，即把三相中接地的三根导线合并为一根，称为中线。中线通常与大地相接，称为零线；另外三根导线则称为火线。查阅相关资料，说明火线和零线分别用什么颜色表示。

8. 在实际应用中，为了更好地起到保护作用，在三相四线制的基础上，另增加一根专用的保护线与接地网相连，称为保护零线。相应地，三相四线制中的零线此时称为工作零线。日常生活中使用的三孔插座提供的单相交流电，是由三相五线制中三条相线中的一条、工作零线和保护零线引入的，就是生活中常提到的火线、零线和地线。查阅相关资料，写出保护零线用什么颜色表示。

五、触电与电气火灾的预防

1. 常见的触电方式主要有单相触电、两相触电和跨步电压触电三种。查阅相关资料，了解这三种触电方式的特点，并将表1—1—5补充完整。

表1—1—5

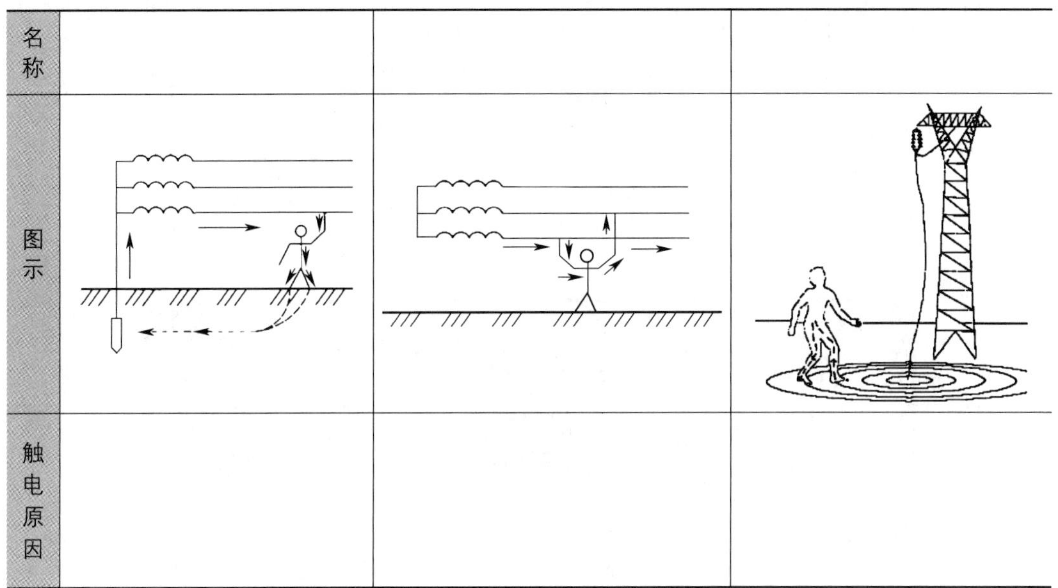

名称			
图示			
触电原因			

2. 查阅相关资料，回答下列问题。

（1）__________ mA以下的电流通过人体，仅产生麻感，对身体影响不大；__________ mA以下的电流通过人体，肌肉自动收缩，身体常可自动脱离电源，除感到“一击”外，对身体损害不大；超过__________ mA则会导致接触部位皮肤灼伤，皮下组织可因此而炭化；__________ mA以上的电流即可引起心室纤颤，导致循环停顿而死亡。

（2）根据《特低电压（ELV）限值》（GB/T 3805—2008）规定，在工频50 Hz的情况下，人体的安全电压是__________，安全交流电流是__________，安全直流电流是__________。

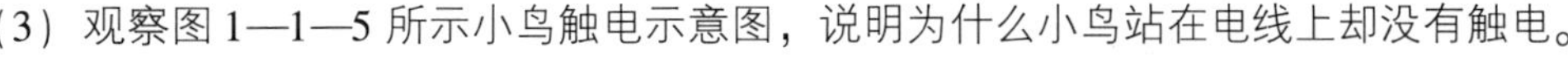

（3）观察图1—1—5所示小鸟触电示意图，说明为什么小鸟站在电线上却没有触电。

图1—1—5

（4）图1—1—6所示的各种行为中，哪些行为可能会发生触电危险？一般在什么情况下会引发危险？

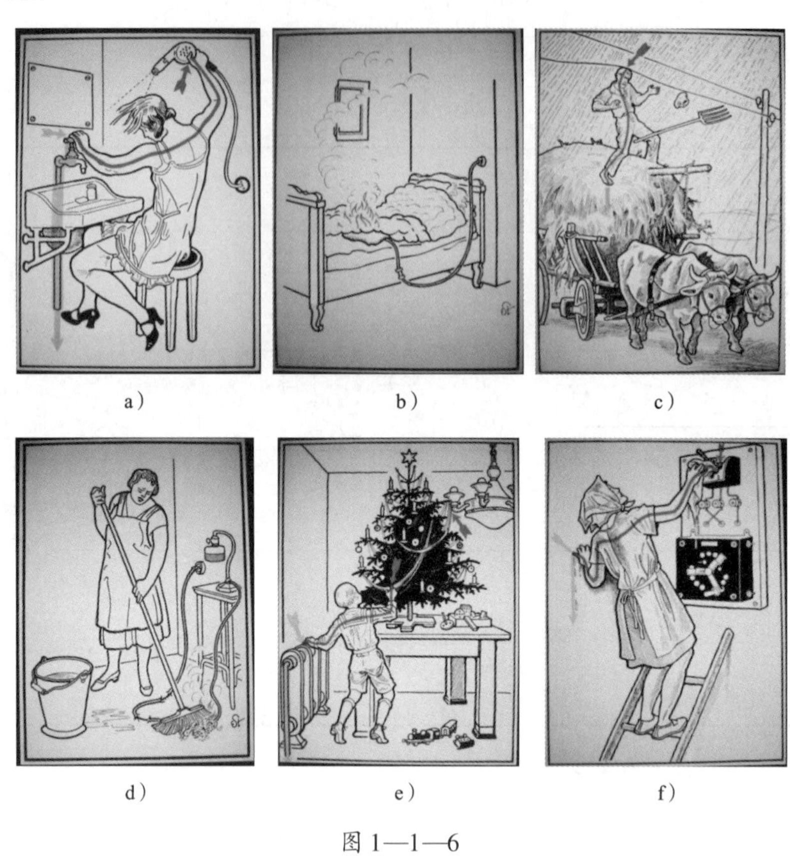

a） b） c）

d） e） f）

图1—1—6

（5）图1—1—7所列的各警告标志中，哪一个是“当心触电”的警告标志？

（ ） （ ） （ ） （ ） （ ）

图1—1—7

3. 电气事故发生时，电能脱离正常的通道，会形成漏电、接地或短路，成为火灾的起因。当火灾发生时，灭火器是最常用的扑救工具。灭火器有多种类型，如二氧化碳灭火器、干粉灭火器、泡沫灭火器等。查阅相关资料，指出常用的灭火器还有哪些类型，分别适用于哪些火灾场合，能否用于电气火灾的扑救以及原因，实训室中放置的灭火器又是哪种类型，将答案记录在表 1—1—6 中。

表 **1—1—6**

名称	适用场合	能否用于电气火灾的扑救及原因
实训室中放置的灭火器属于__________灭火器		

4. 电气设备发生火灾时，应该怎么办？应先做什么，再做什么？如何使用灭火器？观看演示视频或查阅相关资料，熟悉灭火器的使用方法，进行火灾扑救的应急演练，并将使用灭火器的操作要点记录下来。

六、触电急救

1．学习触电急救基本知识

发现有人触电后，应按图 1—1—8 所示步骤进行紧急处理，否则，既有可能造成触电者的进一步伤害，又有可能危及抢救者的人身安全。

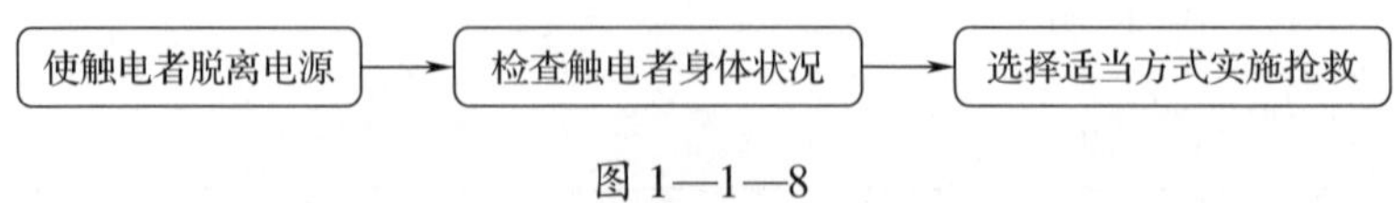

图 1—1—8

（1）某居民在家中发生了如图 1—1—9 所示形式的触电事故，这一事故属于哪种类型的触电？讨论并查阅相关资料，说明可采取哪种措施使其脱离电源。

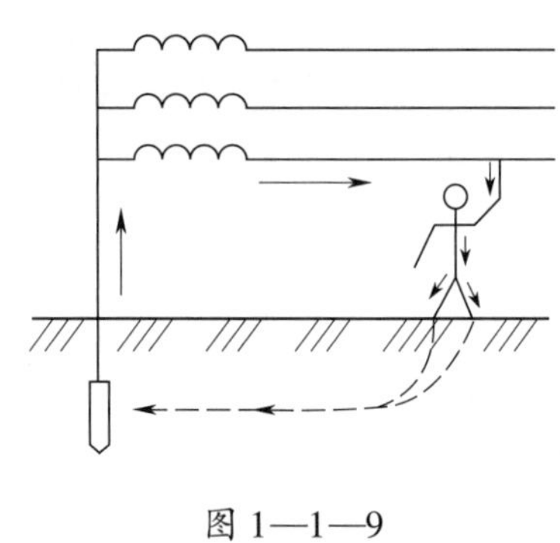

图 1—1—9

（2）图 1—1—10 所示的触电急救方法中，哪一种是触电后正确的急救方法？为什么？

a）　　b）

图 1—1—10

小提示

触电急救时，首先要使触电者迅速脱离电源。脱离电源就是要把触电者接触的那一部分带电设备的开关、刀闸或其他断路设备断开，或设法使触电者与带电设备脱离。在脱离电源的过程中，救护人员既要救人，也要注意保护自己，不准直接用手触及伤员。可使用绝缘工具，干燥的木棒、木板、绳索等，或不导电的东西解脱触电者；也可抓住触电者干燥而不贴身的衣服，将其拖开，切记要避免碰到金属物体和触电者的裸露身躯；还可戴绝缘手套或将手用干燥衣物等包裹绝缘后解脱触电者；救护人员还可站在绝缘垫或干燥的木板上，绝缘自己进行救护。为使触电者与导电体脱离，最好用一只手进行。

（3）将触电者脱离电源后，应立即对触电者的身体状况进行检查，作为进一步施救的依据。查阅相关资料，将表 1—1—7 中各图所展现的诊断方法用文字做简单描述。

表 **1—1—7**

图示	诊断方法
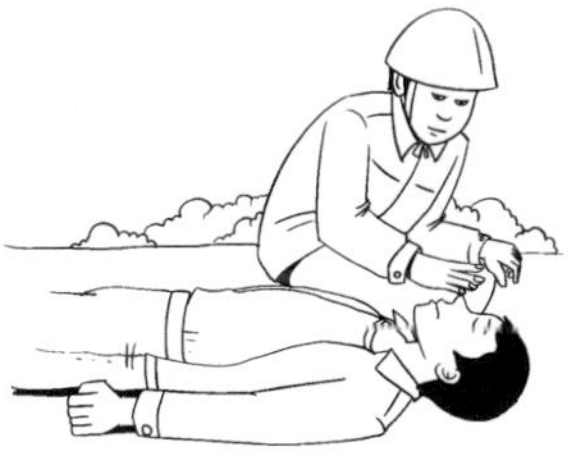	
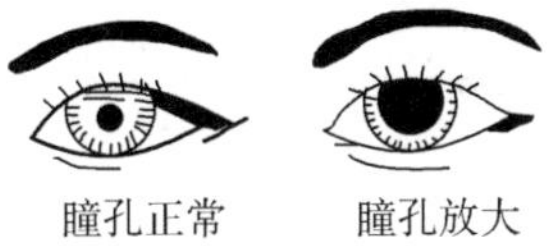 瞳孔正常　瞳孔放大	
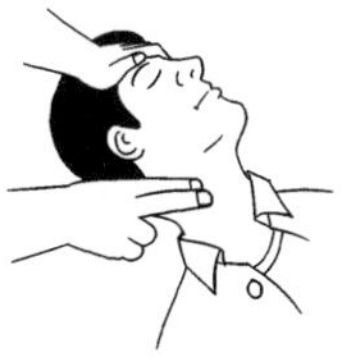	

（4）确定触电者的身体状况后，应选择恰当的方法进行抢救，常用的方法有口对口人工呼吸法（见表1—1—8）、胸外心脏按压法（见表1—1—9）、人工心肺复苏法（见表1—1—10）等。查阅相关资料，根据表中各组示意图，说出各种方法的动作要领和注意事项。

表 **1—1—8**

步骤	图示	动作要领	注意事项
1	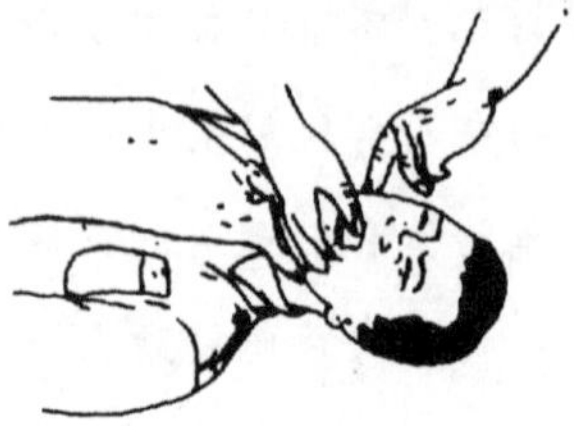	清除口腔异物	
2	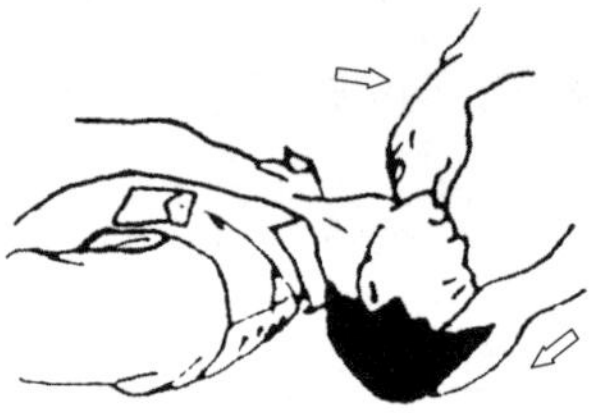	鼻孔________ 头________	
3		贴嘴吹气胸扩张	
4	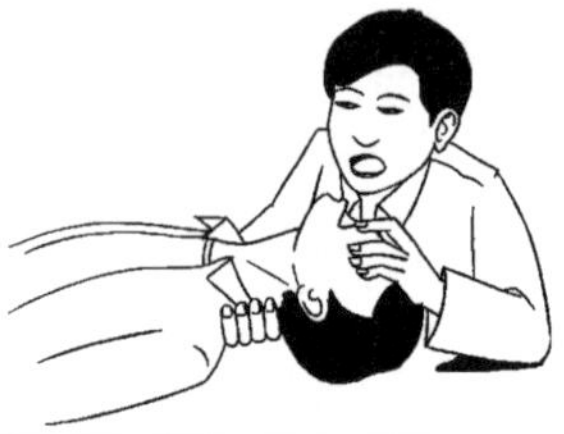	放开口鼻好换气	

表 **1—1—9**

步骤	图示	动作要领	注意事项
1			

续表

步骤	图示	动作要领	注意事项
2	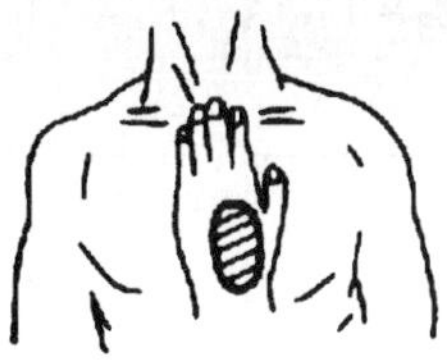		
3	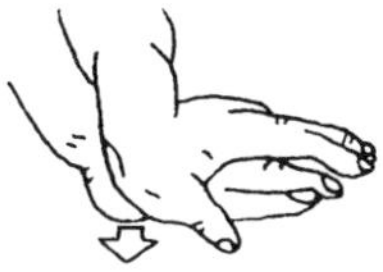		

表 **1—1—10**

方法	图示	动作要领	注意事项
单人急救	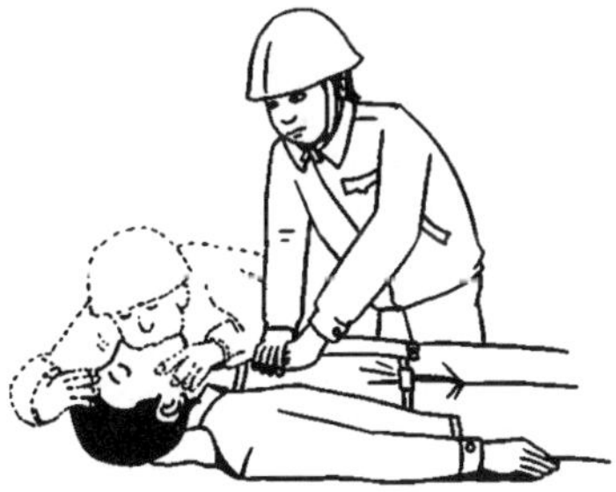		
两人急救	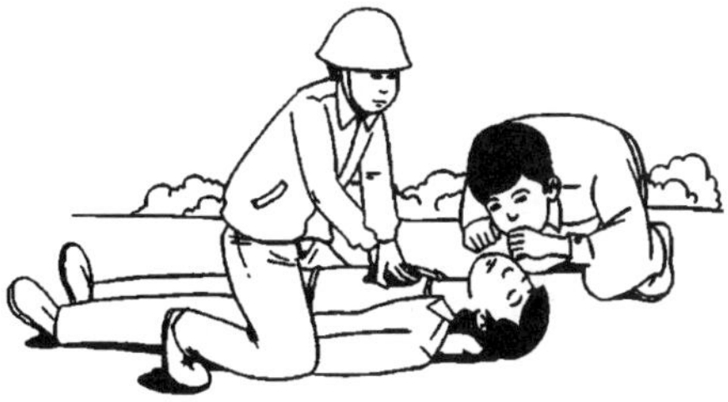		

2．触电急救方法训练

在教师的演示和指导下，利用模拟人进行触电急救方法的训练，并在表 1—1—11 中记录评价成绩。

表 1—1—11

评价内容	分值（分）	评分		
		自我评价	小组评价	教师评价
口对口人工呼吸法	30			
胸外心脏按压法	30			
人工心肺复苏法	40			
合计				

评价与分析

根据每个小组成员在本活动学习过程中的表现情况填写《学习任务过程性考核记录表》（见附表，下同）。

学习活动 2　明确工作任务，勘察施工现场

学习目标

1. 能正确填写单联单控电路安装工作联系单。

2. 能根据任务要求，查阅相关资料，明确具体工作内容和时间要求，并在教师的指导下进行分组。

3. 能根据组内成员特点，进行合理分工，并制订工作计划。

4. 能结合施工图，勘察施工现场，准确描述现场特征，确定施工位置。

5. 能根据单联单控电路原理图和现场勘察结果，完善施工安装图。

建议学时：6 学时。

学习过程

一、明确工作任务，制订工作计划

1. 明确工作任务

工作联系单是施工作业中的基本单据，其中明确了该项工作的具体内容、时间要求、相关责任人等信息，在进行施工作业前，必须读懂并正确填写工作联系单，准确获取该项工作的基本信息。工作联系单的形式多种多样，表 1—2—1 是本次单联单控电路安装任务的工作联系单。

表 **1—2—1**

No. ________ ______年______月______日

<table>
<tr><td rowspan="3">申报项目</td><td>楼房号</td><td></td><td>申报人</td><td></td><td>联系电话</td><td></td></tr>
<tr><td colspan="6">申报事项：某客户家面积 5 m^2 的阳台需要安装一盏可以实现普通照明功能的螺口节能灯，采用单联单控方式。要求施工人员在 1 天之内完成单联单控开关、18 W 螺口节能灯的安装和线路敷设</td></tr>
<tr><td>申报时间</td><td></td><td>要求完成时间</td><td></td><td>派单人</td><td></td></tr>
<tr><td rowspan="4">安装项目</td><td>接单人</td><td></td><td>安装开始时间</td><td></td><td>安装完成时间</td><td></td></tr>
<tr><td colspan="6">所需工具与材料：</td></tr>
<tr><td>安装内容</td><td colspan="2"></td><td colspan="2">安装人员签名</td><td></td></tr>
<tr><td>安装结果</td><td colspan="2"></td><td colspan="2">班组长签名</td><td></td></tr>
<tr><td rowspan="2">验收项目</td><td colspan="6">安装人员工作态度是否端正：是□ 否□
本次安装是否已解决问题：是□ 否□
是否按时完成：是□ 否□
客户评价：非常满意□ 基本满意□ 不满意□
客户意见或建议：</td></tr>
<tr><td>客户签名</td><td colspan="5"></td></tr>
</table>

注：该工作联系单一式三份，要求安装人员、派单人、班组长签名后方可施工。

（1）认真阅读和填写工作联系单，该单是由________、________、________三部分组成。

（2）该项工作的具体内容和要求是____。

2. 分组并制订工作计划

工作计划是一个单位或团体在一定时期内为完成某项工作而作出的工作安排。制订工作计划，首先应查阅相关资料，明确完成这一工作的基本步骤。例如，完成本学习任务的基本步骤是识读图样、勘察现场、确定施工方案、现场施工准备、实施安装、通电测试、交付验收和工作总结。

（1）分组。

1）小组负责人：________________。

2）小组成员及分工。根据本团队成员特点，按每个人的专长安排工作岗位，确定每个施工人员（如绘图员、布线员、线路检测员等）的主要职责，并记录在表 1—2—2 中。

表 1—2—2

<table>
<tr><td colspan="2">团队名称</td><td colspan="2"></td><td>工程周期</td><td></td></tr>
<tr><td>编号</td><td>姓名</td><td>岗位名称</td><td colspan="3">主要职责</td></tr>
<tr><td>1</td><td></td><td>小组组长</td><td colspan="3">（1）负责组织协调工作，解决工作中遇到的问题
（2）负责选择、领用布线所需材料，核对材料的型号、规格和性能参数，并进行材料成本预算
（3）负责整个布线工作中的安全检查，并协助其他成员完成工作</td></tr>
<tr><td>2</td><td></td><td>绘图员</td><td colspan="3">负责绘制线路草图、元器件位置图和布线施工时墙体上的弹线定位等</td></tr>
<tr><td>3</td><td></td><td>布线员</td><td colspan="3">负责墙体钻孔，线槽安装，电线布线、接线，灯具、开关等元器件安装等</td></tr>
<tr><td>4</td><td></td><td>线路检测员</td><td colspan="3">负责利用万用表检测各线路有无短路、断路和漏电情况</td></tr>
<tr><td colspan="6">备注：人员分工时可根据团队成员数量灵活调整工作岗位，重要岗位（如布线员）可由几个人共同完成，团队成员既有分工又要合作</td></tr>
</table>

（2）制订工作计划（见表 1—2—3）。

表 1—2—3

<table>
<tr><td colspan="2">任务名称</td><td></td><td>任务起止日期</td><td colspan="3"></td></tr>
<tr><td>序号</td><td>步骤</td><td colspan="2">具体内容</td><td>计划完成日期</td><td>预计工时</td><td>实际完成日期</td></tr>
<tr><td>1</td><td>识读图样</td><td colspan="2">识读单联单控电路图和施工图</td><td></td><td></td><td></td></tr>
<tr><td>2</td><td>勘察现场</td><td colspan="2">勘察现场并咨询客户，明确单联单控电路布线要求</td><td></td><td></td><td></td></tr>
</table>

续表

序号	步骤	具体内容	计划完成日期	预计工时	实际完成日期
3	确定施工方案	从教师提供或自己制定的施工方案中选择最佳施工方案			
4	现场施工准备	根据施工现场设置隔离设施，安放安全标志，并领取工具与材料			
5	实施安装	根据施工方案，完成单联单控电路的安装			
6	通电测试	线路检测合格后，安装电灯或其他负载，验证线路功能			
7	交付验收	布线完成后，请客户验收布线工程，对客户提出的问题，及时给予答复并加以完善			
8	工作总结	根据自己在单联单控电路安装任务中的表现，总结经验和不足，撰写工作报告并加以展示			

教师审核意见：

教师（签名）：______________ 制订计划人（签名）：______________

年 月 日

二、识读电路图和施工图

通过工作联系单可以明确一项施工任务的工作内容，但对于具体的施工要求（如线路安装位置、安装走线方式、安装器件等）还没有明确交代，而且这些内容仅通过语言文字也难以表达清楚，在实际工作中，常使用如图 1—2—1 所示的电路图和施工图来进行描述。因此，准确地通过电路图和施工图获取信息，也是电气布线人员开展工作的一项基本功。

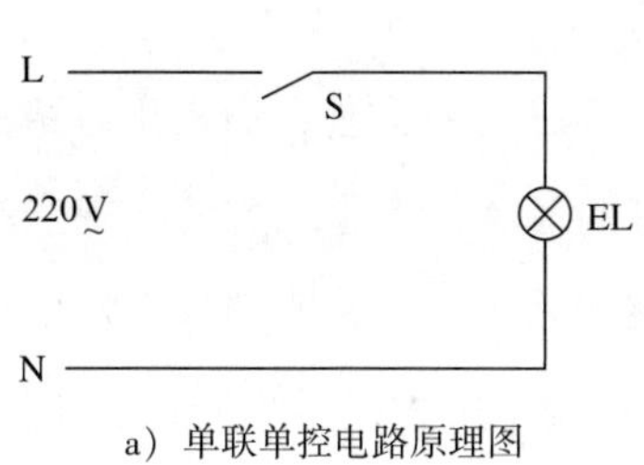

a）单联单控电路原理图

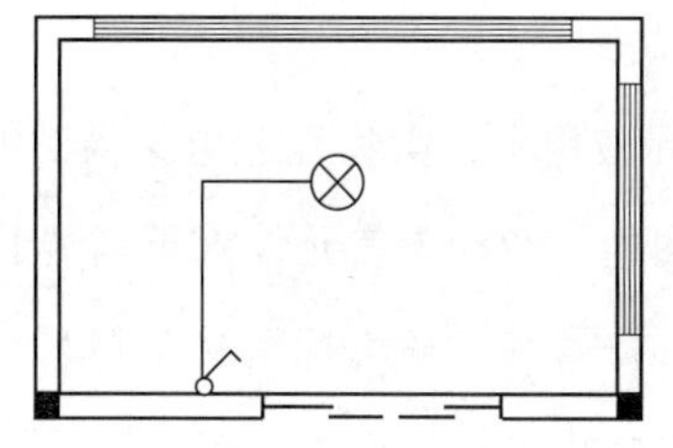
b）单联单控电路安装平面示意图（施工图）

图 1—2—1

1. 认识电路

单联单控照明线路能够正常工作，实现照明功能，是因为灯、导线、开关、电源等元器件连接在一起，组成了能使电流连续流动的闭合通路，即电路。电路图就是用来描述这种连接关系的图样。因此，想要读懂电路图，首先要对电路的基本知识有所了解。查阅相关资料并结合以下问题，了解电路的基本知识。

（1）电路的概念

什么是电路？观察图 1—2—2 所示手电筒的组成结构，说明一个完整的电路由哪几部分组成。

图 1—2—2

（2）电路的状态

通过对前面知识的学习，我们知道手电筒电路是一个直流电路，而本任务要安装的单联单控电路是一个交流电路。但不管是直流电路还是交流电路，它们的基本状态都是一样的。查阅相关资料并结合表 1—2—4 所列的对手电筒的操作内容，讨论一下电路都有哪些状态。

表 **1—2—4**

操作内容	灯泡是否发光	电路状态
闭合手电筒开关		
断开手电筒开关		
松动手电筒后盖		
反接一节电池		
用导线直接将两节电池的正负极连接起来		

2. 识读电路图

（1）在实际应用中，实物描述电路虽然很形象，但往往不方便，通常用电路图来表示电路。在电路图中，各种电气元件都不需要画出原有的形状，而是采用统一规定的图形符号来表示，图形符号旁一般均标有文字符号。认真阅读表 1—2—5 所列的常用电工电路图形符号，从表中找出电灯、开关的图形符号和文字符号表示方式，并把它们抄写下来。

表 **1—2—5**

名称	图形符号	文字符号	名称	图形符号	文字符号	名称	图形符号	文字符号
电池		G	电阻器		R	电容器		C
电流表		PA	可调电阻器		RP	可变电容器		C
电压表		PV	电位器		RP	空心线圈		L
电灯		EL	开关		S	铁芯线圈		L
熔断器		FU	接机壳、接地		GND	导线 连接		—
						导线 不连接		

（2）电工进行线路安装时，需要严格按图样进行。试根据常用电工电路图形符号表，画出图 1—2—3a 所示电路实物图的电路图。

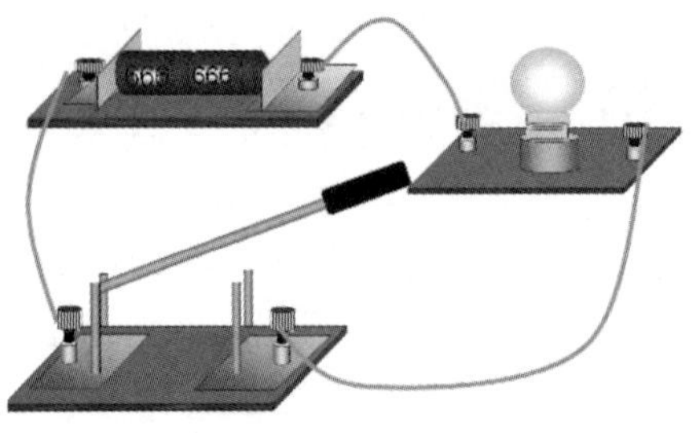

a）电路实物图

b）电路图

图 1—2—3

（3）教室里的日光灯照明电路都由哪些电气元件组成？试在表 1—2—6 中列出其图形符号、文字符号和数量，并绘制一幅教室日光灯照明电路的电路图。

表 **1—2—6**

序号	实物名称	图形符号	文字符号	数量
1				
2				
3				
4				

（4）单联单控电路原理图如图 1—2—4 所示，查阅相关资料，回答下列问题。

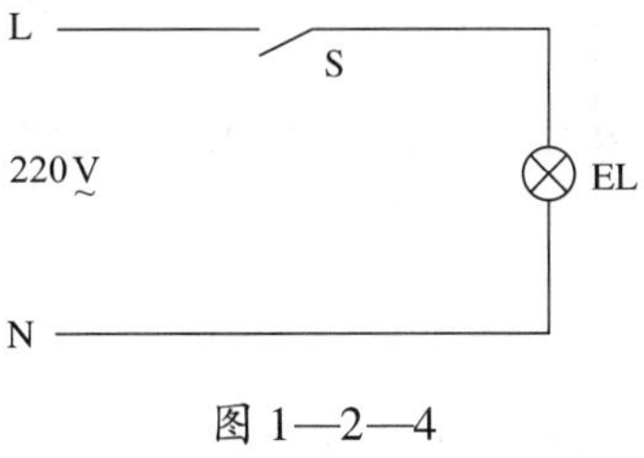

图 1—2—4

1）L 表示什么？

2）N 表示什么？

3）S 表示什么？

4）EL 表示什么？EL 和 HL 在含义上有什么区别？

3. 识读施工图

电路图描述了电路中各元器件的连接关系，施工图则描述了各元器件的安装位置。实际工程施工中，为使标准规范、统一且易于识读，通常采用标准的符号及相关规范来绘制施工图，形成如图 1—2—5 所示的照明电路安装平面图。照明电路安装平面图通常采用俯视的视角（即从房顶向下看）来绘制。

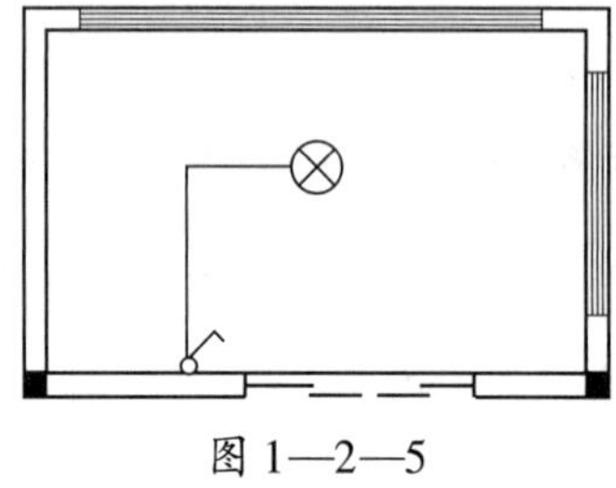

图 1—2—5

（1）认识电气施工图常用图形符号

查阅相关资料，认识常用电气设备图形符号，并补齐表 1—2—7 中各图形符号的含义。

表 1—2—7

图形符号	含义	说明	图形符号	含义	说明
—×╱—			⋏		
▭▬			○╱		开关的一般符号

续表

图形符号	含义	说明	图形符号	含义	说明

		依次表示明装、暗装、密闭、防爆			依次表示明装、暗装、密闭、防爆
			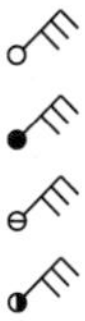		
		3个			装一单极开关
					单管或三管灯
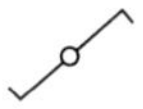		单相三线			
		用于不同照度			

（2）识读单联单控电路电气施工图

分析单联单控电路电气施工图，在表1—2—8内填写施工图中所用图形符号的名称及含义。

表 1—2—8

符号	名称及含义	符号	名称及含义

三、勘察施工现场

施工前，在对工作任务和图样了解清楚后，还应到施工现场进行实地勘察，与任务要求和图样进行核对，检查现场是否具备施工条件，记录相关技术参数，为后续开展施工做好准备。

1. 本任务中已给出了电气施工图，在实际工作中，有时还需要与业主进行沟通，从业主处获得。讨论一下，除了施工图，通常勘察现场前还需要准备或从业主处获得哪些资料。

2. 电气照明装置施工中对照明灯、开关的安装位置和安装高度等都有严格的规定，查阅资料，写出相关规范要求。

3. 现场勘察中，应通过实地测量确定现场是否满足上述规范要求。通过小组讨论确定测量中应选用的工具，并写出这些工具的使用注意事项。

4. 进入施工现场勘察阳台的原始平面尺寸，确定现场条件是否满足施工技术规范。将勘察结果标注在图 1—2—6a 所示的照明电路安装平面图中，若实际勘察的阳台现场布局与之不同，则画出实际勘察现场的照明电路安装平面图，并将勘察的原始平面尺寸标注出来。小组讨论并查阅相关资料，确定长和宽两个方向的尺寸应如何标注，高度方向的尺寸应如何标注。

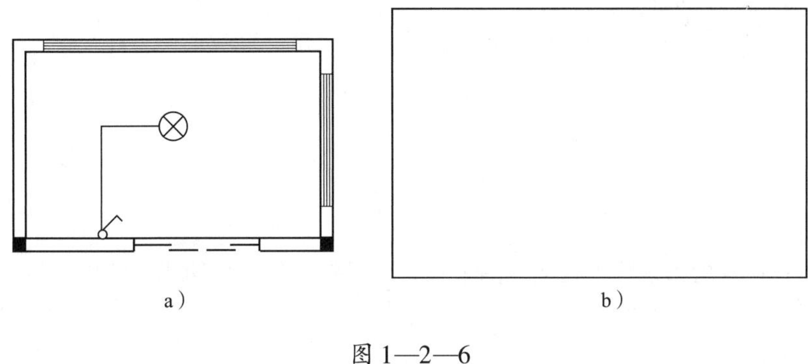

a）　　b）

图 1—2—6

5. 确定电源的引入位置，在照明电路安装平面图中标示出来。

6. 确定开关的安装位置，在照明电路安装平面图中规范地标出开关的安装高度以及开关与门的距离，并说明开关的安装方式。

7. 确定灯座的安装位置，在照明电路安装平面图中规范地标出灯的高度和其他能确定灯的具体位置的相关数据。

8. 在设计线路走向时，若遇到排水管应如何处理?

9. 根据在现场所画线路的走向及各元器件的定位，计算出所用导线的长度。

评价与分析

根据每个小组成员在本活动学习过程中的表现情况填写《学习任务过程性考核记录表》。

学习活动 3　施工前准备

学习目标

1. 能根据勘察结果和单联单控电路施工图样，列举所需工具和材料清单，准备工具，领取材料。

2. 能使用电工常用工具对导线进行去绝缘层处理，对单股铜芯导线进行直线连接、T 形连接，并确保工艺规范。

3. 能根据单联单控电路安装平面图和现场勘察情况，制定单联单控电路安装方案，并分组展示。

建议学时：24 学时。

学习过程

一、元器件、材料和工具准备

1. 认识完成任务所需的元器件和材料

小提示

实施具体线路安装时，可根据学校实际情况选择在木板或网孔板上进行线路的模拟安装，有条件的学校也可将电路安装在实际工作环境中。此外，在实际电路安装过程中，为了用电安全，应加上空气开关 QF 和熔断器 FU。因此，本任务在简单的单联单控电路图的基础上，对图样进行了改良，以贴近实际。

根据图 1—3—1 所示改良后的单联单控电路图，列出电路中用到的元器件和材料，并填入表 1—3—1 中。

1-3-2　电气布线

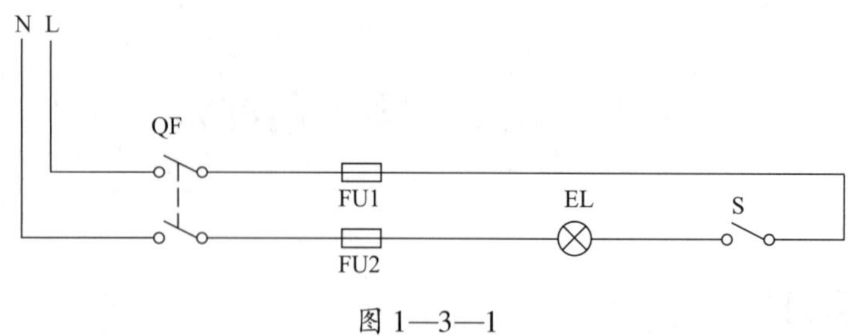

图 1—3—1

表 **1—3—1**

序号	实物图片	名称与符号	作用
1			
2			
3			
4			

续表

序号	实物图片	名称与符号	作用
5	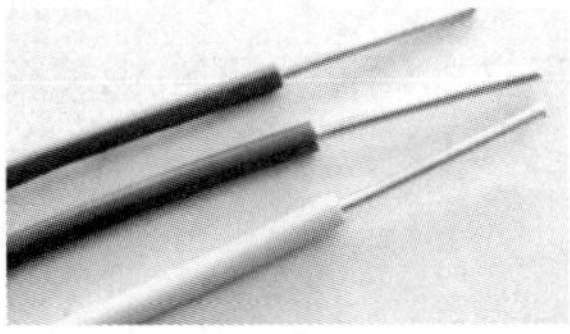		
6			
7			
8			

(1) 空气开关

空气开关，又名空气断路器，是一种只要电路中的电流超过额定电流就会自动断开的开关。查阅相关资料，想一想如果家里的空气开关跳闸，应该怎么办?

（2）熔断器

即低压熔断器，其作用是在线路中做短路保护。熔断器的核心是熔体，常做成丝状、片状或栅状，制作熔体的材料一般有铅锡合金、锌、铜等。对熔断器的要求是：在电气设备正常运行时，熔断器应不熔断；在出现短路故障时，应立即熔断。查阅相关资料并说明，如果家里的熔断器熔断，应如何选用和更换熔断器的熔体。

（3）灯与灯座

1）灯是通过电能而发光发热的照明源。你知道灯泡上的“40 W/220 V”是什么含义吗？是否可以把它接在 380 V 的电源上？如果这盏灯每天工作 3 小时，一个月 30 天，则每月所需电费是多少？（提示：结合本地用电的收费标准计算）

2）灯座是用来固定灯的位置和使灯的触点与电源相连接的器件。常见的灯座有普通螺口灯座、卡口式灯座、灯筒等。查阅相关资料，写出表 1—3—2 所列灯座对应的英文标示。

表 1—3—2

名称	英文标示	名称	英文标示
普通螺口灯座		卡口式灯座	
直插式局部照明射灯常用灯座		单端的管形金属卤化物灯灯座	
灯筒		铝质冷反光卤素射灯灯座	
多面反射灯座（灯杯）			

3）查阅相关资料并回答，在安装普通螺口灯座时，应注意哪些问题。

（4）开关

1）开关是指可以使电路开路、电流中断或使电流流到其他电路的电子元件。开关的类型很多，查阅相关资料，确定本任务选用开关的具体名称，并写出常用的开关类型还有哪些。

2）观察图1—3—2所示各类开关，说明其接线桩是针孔式还是压接式，是隐蔽式还是敞开式，并练习用万用表测量各类开关、插座的连通情况。

a）单联单控开关

b）单联双控开关

c）带开关的五孔插座

图1—3—2

3）结合图1—3—3，说明插座中“L”“N”“⏚”的含义。

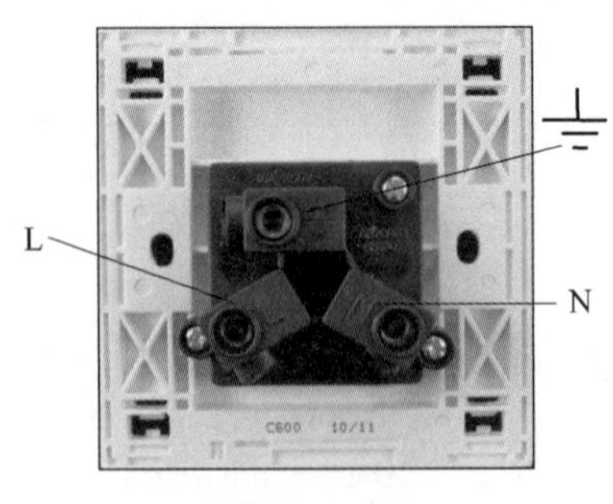

图1—3—3

4）观察本任务所选用开关的铭牌，将相关信息记录下来，并查阅资料，写出它的技术参数。

5）单控面板开关由底盒和面板组成，在进行线路安装时需要将开关的面板打开，试写出它的拆装过程和注意事项。

6）仔细观察面板里面有几个接线桩，并说明应该怎样接线。

7）为图 1—3—4 中各开关、插座选择正确的名称，并将其代码填入相应元件的括号中。

A. 单联开关；B. 网络线插座；C. 光纤网络二合一插座；D. 三联开关；E. 五孔电源插座；F. 带开关的三孔电源插座；G. 双联开关；H. 带开关的空调插座；I. 两孔电话插座；J. 四芯电话插座。

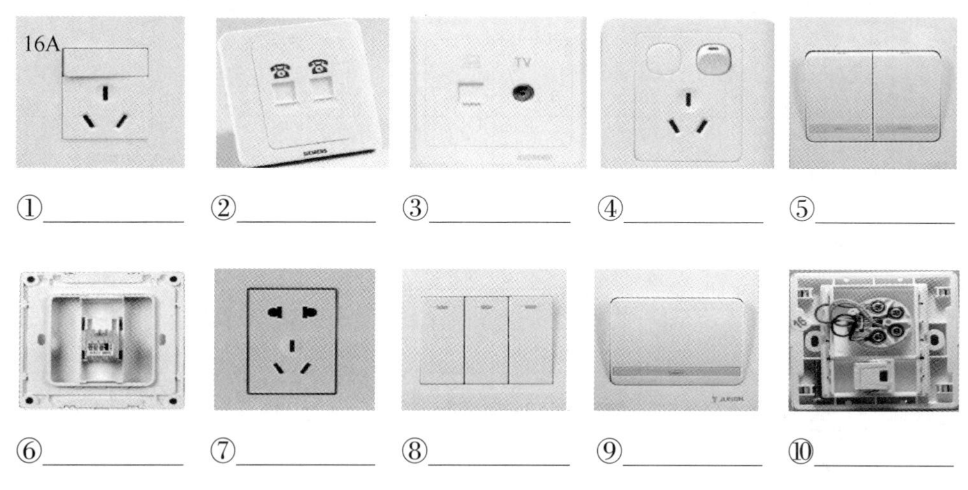

图 1—3—4

（5）导线

导线一般由铜或铝制成，也有用银线制成的（导电性、导热性好），用来疏导电流或者是导热。查阅相关资料和图片，回答下列问题。

1）图 1—3—5 所示导线外包装上标示了哪些参数？分别代表什么含义？

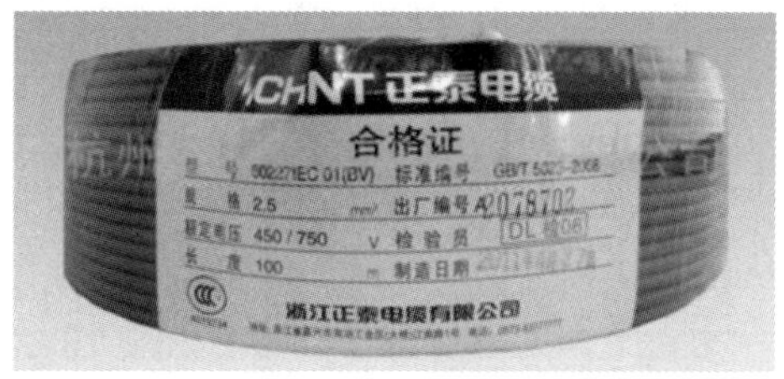

图 1—3—5

2）写出表 1—3—3 所列常用绝缘导线型号的含义、使用场合和使用注意事项。

表 **1—3—3**

序号	绝缘导线型号	含义	使用场合	使用注意事项
1	BV			
2	BX			
3	RV			
4	BVV			
5	BVR			
6	RXS			

3）导线外的绝缘层一般有红色、黑色、黄色、绿色、黄绿双色等，它们分别代表不同的含义，查阅相关资料，在表 1—3—4 中写出不同颜色对应的含义。

表 **1—3—4**

颜色	含义	颜色	含义
黑色		蓝色	
棕色		淡蓝色	
红色		黄绿双色	
黄色		红、黑色并行	
绿色		白色	

4）已知本任务选用的是 18 W 螺口节能灯，试计算并分析本任务应选择横截面积为多大的导线，并列举常用导线的规格（横截面积）。

5）根据任务要求，在表 1—3—5 中列出本任务需要用到的导线规格。

表 **1—3—5**

序号	材料	颜色	横截面积	长度
1				
2				
3				
4				
5				
6				
7				

2. 认识电工常用工具

（1）在进行线路敷设时需要对导线进行处理，此时就需要用到各种工具。查阅相关资料，写出表 1—3—6 中各电工常用工具的名称及功能。

表 **1—3—6**

外观	名称	功能
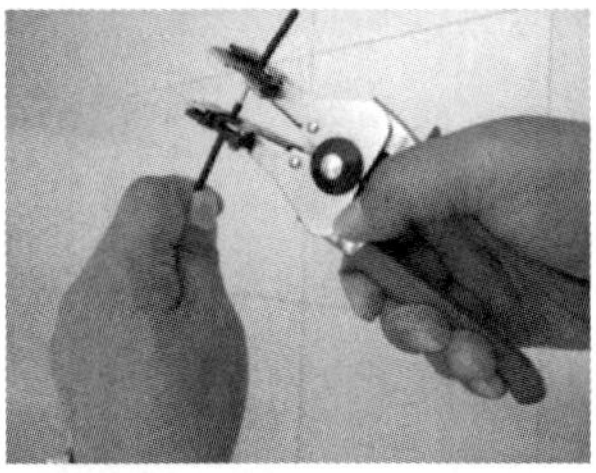		
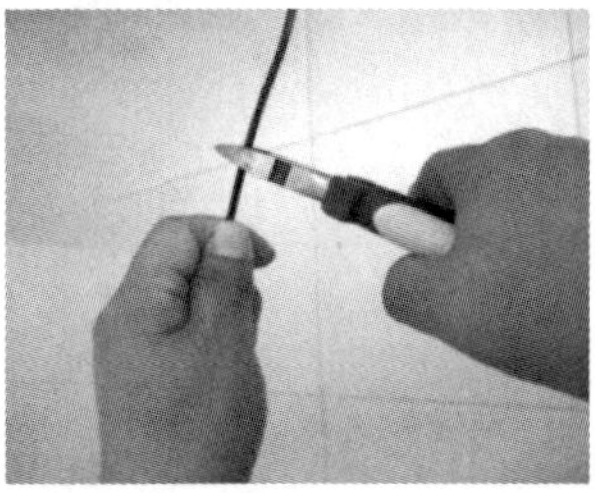		

续表

外观	名称	功能
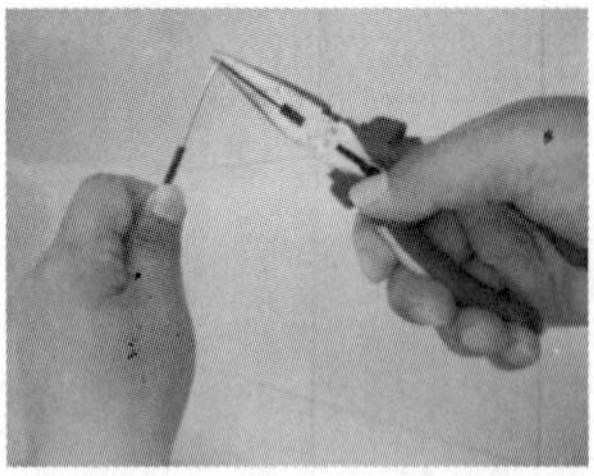		
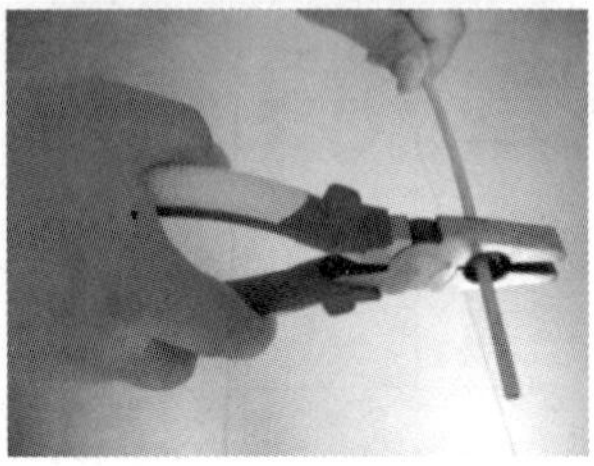		

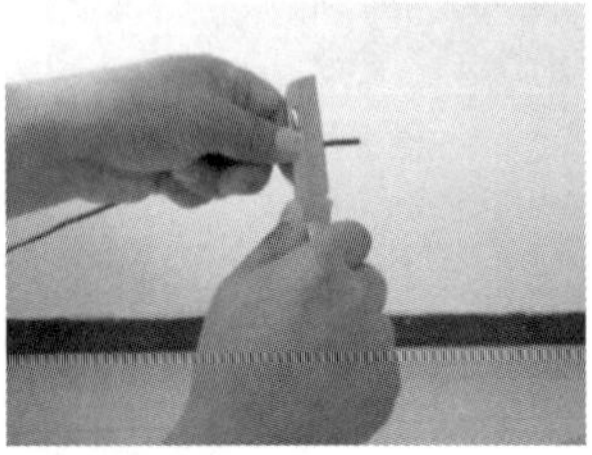		
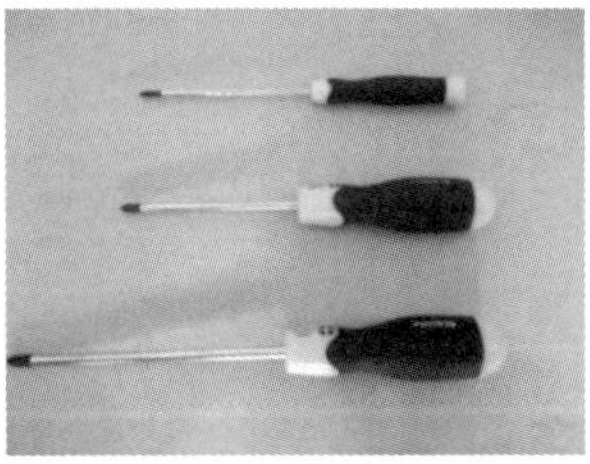		

续表

外观	名称	功能
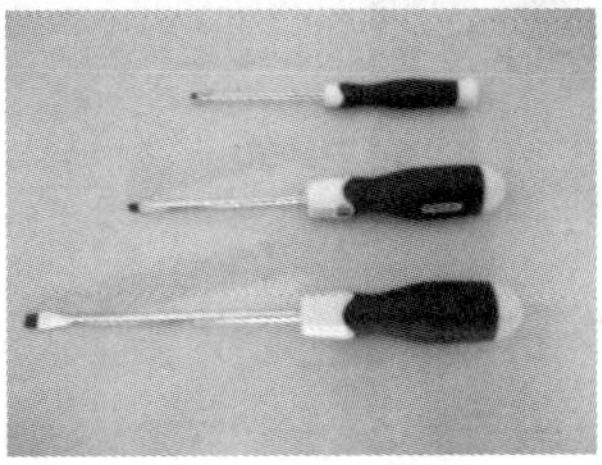		
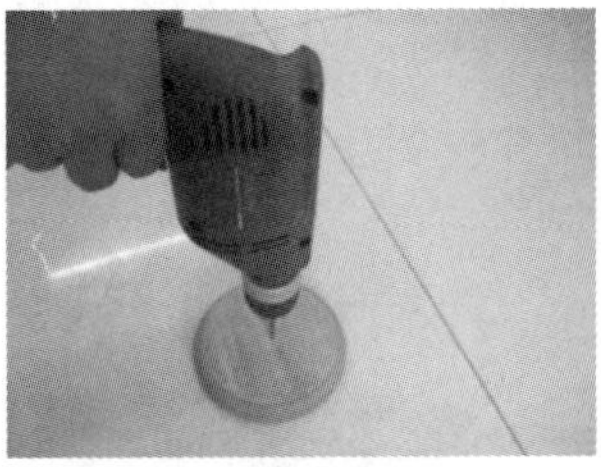		

（2）低压验电器主要用于检测物体是否带电，因其会直接接触带电体，因此要特别注意使用的正确性，以免发生危险。查阅相关资料，写出低压验电器的正确使用方法。

（3）在墙面、天花板上固定电气元件或电气设备时，根据墙面材质的不同以及悬挂物体质量的不同，为保证元器件或设备固定牢固，有时需要使用膨胀螺栓进行固定。常用的膨胀螺栓有钢制和塑料两类。

1）观察图 1—3—6 所示两种膨胀螺栓的外观，写出其主要结构，并说明两种膨胀螺栓的相同点和不同点。

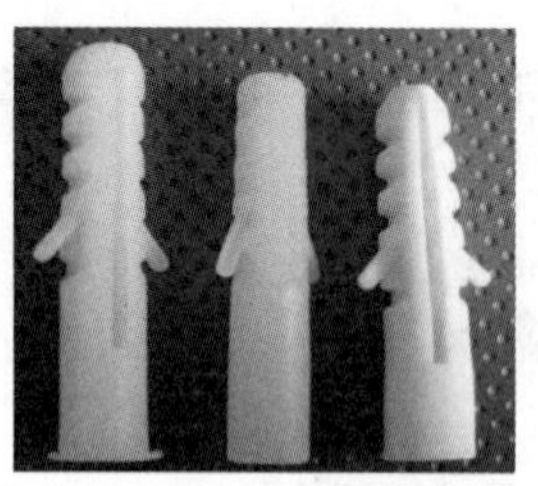

图 1—3—6

2）查阅相关资料，写出膨胀螺栓的使用方法。其中，钻孔步骤需要使用电锤或冲击钻等，如图 1—3—7 所示，试对照工具实物写出其基本使用方法。

图 1—3—7

（4）在天花板或墙面高处施工时，常需要使用梯子等登高工具，如图 1—3—8 所示。登高进行电工作业所使用的梯子，可分为靠梯和人字梯两种。小组讨论并查阅相关资料，写出使用梯子时应如何保证人身安全，有哪些注意事项。

图 1—3—8

3. 导线的剥削与连接

（1）导线绝缘层的剥削

1）剥削导线绝缘层可使用剥线钳、钢丝钳、电工刀等多种工具，查阅相关资料，掌握使用不同工具剥削导线的方法及剥线时的注意事项，并填入表1—3—7中。

表1—3—7

操作内容	图示	操作步骤和方法	剥削注意事项
用剥线钳剥削塑料硬线绝缘层			
用钢丝钳剥削塑料硬线绝缘层	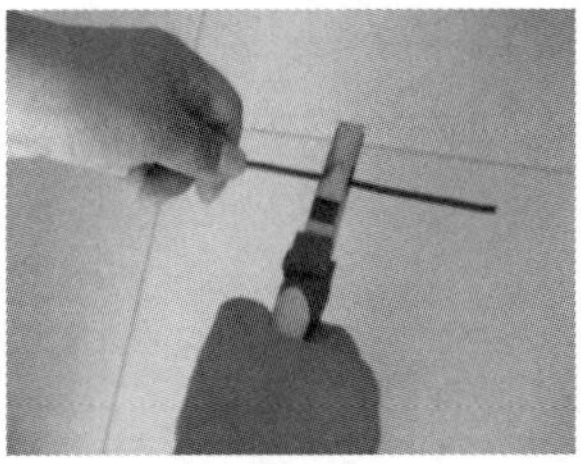 a） 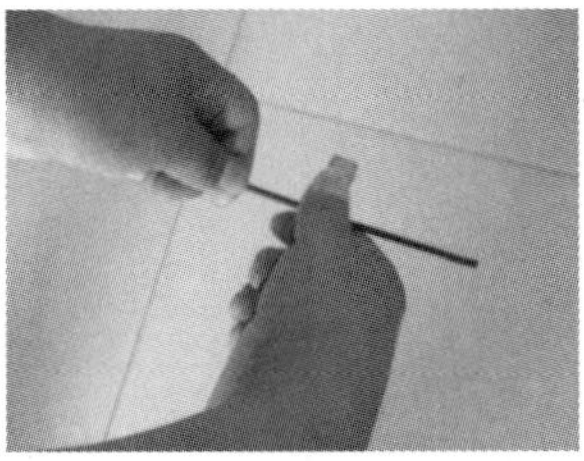 b）		
用电工刀剥削塑料硬线绝缘层	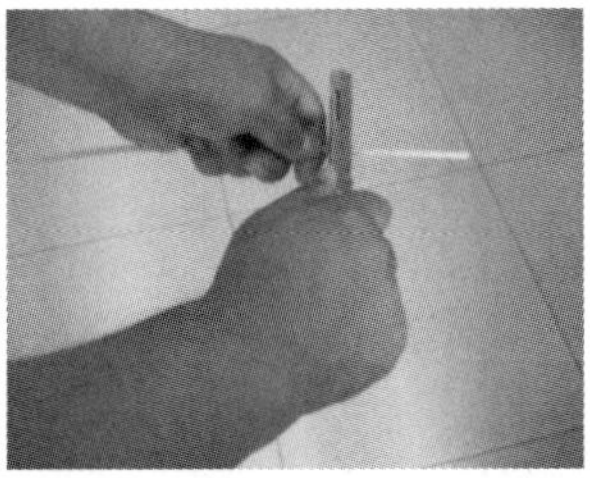 a）		

续表

操作内容	图示	操作步骤和方法	剥削注意事项
用电工刀剥削塑料硬线绝缘层	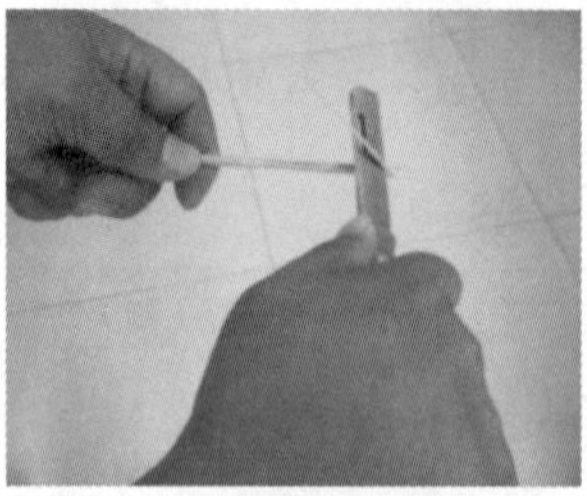 b） 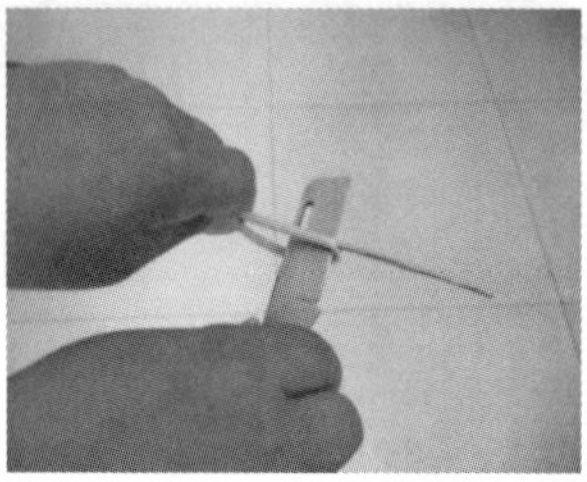 c）		
用电工刀剥削塑料护套线绝缘层	 a） 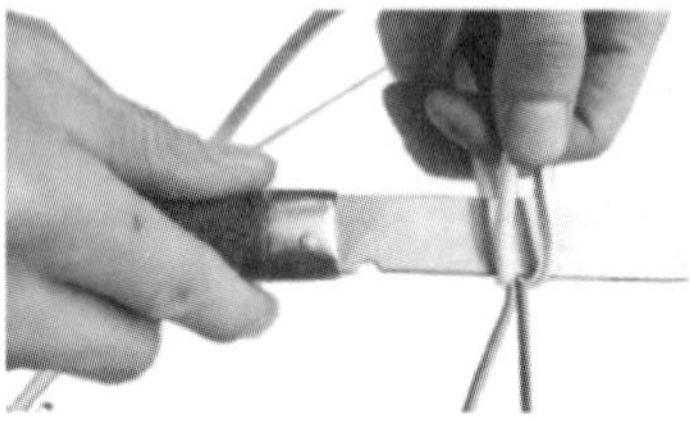 b）		

2）剥削塑料软线绝缘层的方法与剥削塑料硬线绝缘层的方法是否相同？能否用电工刀剥削塑料软线？为什么？

（2）单股铜芯导线的连接

当导线不够长或要分接支路时，就要进行导线与导线的连接。常用导线的线芯有单股、7 股、11 股等多种，连接方法也随芯线的股数不同而异。一般单股铜芯导线的连接有直线连接和 T 形连接两种。

1）仔细观察图 1—3—9 所示单股铜芯导线的直线连接操作示意图，查阅相关资料，写出其基本操作步骤及注意事项。

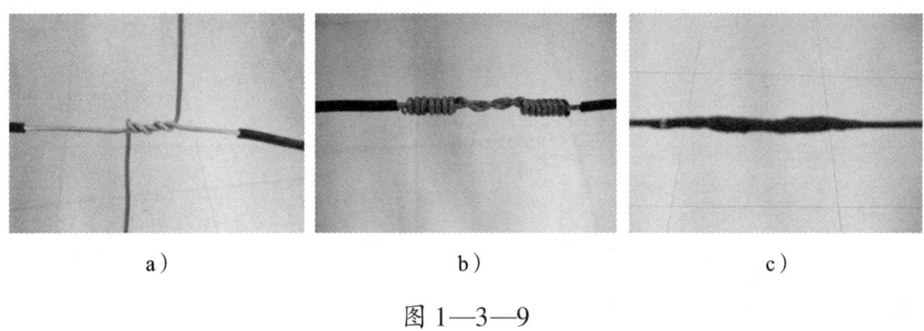

a）　b）　c）

图 1—3—9

2）仔细观察图 1—3—10 所示单股铜芯导线的 T 形连接操作示意图，查阅相关资料，写出其基本操作步骤及注意事项。

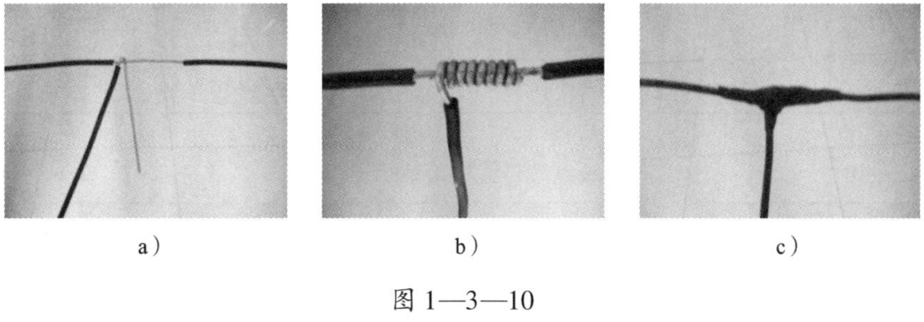

a）　b）　c）

图 1—3—10

小提示

如果连接导线截面较大，两芯线十字相交后，直接在干线上紧密缠 8 圈剪去余线即可。

（3）运用所学方法，进行导线线头绝缘层的剥削和导线连接练习，并将练习结果记录在表 1—3—8 至表 1—3—10 中。观察你所剥削的导线是否有划痕，分析原因，并讨论应如何避免。

表 **1—3—8**　导线线头绝缘层剥削练习记录表

使用工具	练习次数	塑料铜芯硬线		塑料铜芯软线	
		剥线总数	合格数	剥线总数	合格数
剥线钳	第 1 次				
	第 2 次				
	第 3 次				
钢丝钳	第 1 次				
	第 2 次				
	第 3 次				
电工刀	第 1 次				
	第 2 次				
	第 3 次				

表 **1—3—9**　塑料护套线绝缘层剥削练习记录表

练习次数	第 1 次	第 2 次	第 3 次	第 4 次	第 5 次
剥线总数					
合格数					

表 **1—3—10**　单股铜芯导线连接练习记录表

连接方式	练习次数	连接总数	合格数
直线连接	第 1 次		
	第 2 次		
	第 3 次		
	第 4 次		
	第 5 次		

续表

连接方式	练习次数	连接总数	合格数
T 形连接	第 1 次		
	第 2 次		
	第 3 次		
	第 4 次		
	第 5 次		

二、制定施工方案

制定施工方案，首先应明确完成安装任务的基本步骤。如本任务安装单联单控电路的基本施工步骤如图 1—3—11 所示。

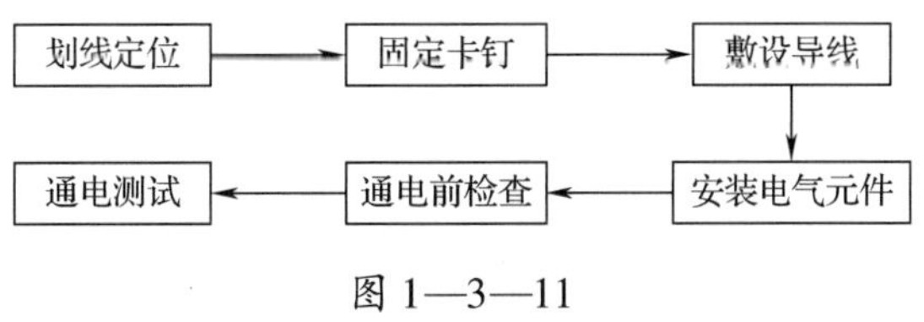

图 1—3—11

1. 根据本任务施工步骤，小组讨论安装单联单控电路需要准备哪些工具和材料，这些工具和材料是否在前面全部学习过。将新接触的工具和材料（如线袋、卡钉等）列举出来，并简要说明它们的用途。

2. 以上讨论中，对于需要使用的工具和材料，除了要考虑选择哪些种类外，还应考虑其规格要符合施工需要和相关标准的要求。如一般室内电线配线时，其截面规定铜芯不小于0.5 mm^2，铝芯不小于1.5 mm^2 等，那么根据本任务的情况，应选择的电线规格是怎样的?

3. 在施工中应特别注意要根据现场的实际情况设置必要的安全防护设施，一般包括安全隔离防护设施和安全标志等。

（1）设置安全隔离防护设施的目的是使人员与带电体物理隔离，避免因不慎接触而造成事故。查阅相关资料，写出常用的安全隔离防护装置，以及对安全距离的要求。具体到本任务，应安放哪些安全隔离防护装置？安全距离是多少?

（2）安全标志的作用是悬挂在电气设备上或施工进行处，提醒人们对不安全因素的注意和重视，防止意外事故发生。安全标志主要通过颜色来区分其含义，查阅相关资料，说明表1—3—11 中的各类安全标志在颜色和外形上有什么特征，如何区分，然后讨论本任务中应在哪些位置设置哪些安全标志。

表 1—3—11

标志	含义	颜色和外形特征	示例
禁止标志	不准或制止人们的某些行为		禁止合闸　禁止靠近
警告标志	警告人们可能发生的危险，如注意安全、当心触电、当心爆炸等		注意安全　当心触电
指令标志	必须遵守，如必须系安全带、必须穿防护鞋等		必须系安全带　必须穿防护鞋
提示标志	示意目标的方向		急救点
辅助标志	对以上 4 种标志的补充说明		禁止合闸 线路有人工作

4. 制定本任务的施工方案

通过小组讨论，制定本小组安装单联单控电路的施工方案，展示并决策出最佳工作方案，填入表 1—3—12 中。

表 **1—3—12**

任务名称			任务起止日期		方案制定日期	
序号	施工步骤	具体工作内容			所需资料、材料及工具	负责人	参与人员
1						
2						
3						
4						
5						
6						
7						
8						

教师审核意见：

教师（签名）：______________　　决策人（签名）：______________

年　月　日

评价与分析

根据每个小组成员在本活动学习过程中的表现情况填写《学习任务过程性考核记录表》。

学习活动4　现场施工与交付验收

学习目标

1. 能按照作业规程应用必要的安全标志和隔离设施，准备现场工作环境。

2. 能正确填写工具与材料清单，并能按仓库管理要求以小组为单位领料。

3. 能正确使用电工工具，按照相关布线工艺要求进行单联单控电路的安装，并实现相关功能。

4. 能使用验电器、万用表等电工仪表进行单联单控电路的通电测试。

5. 能按照电工作业规程和生产现场管理6S标准，在作业完毕后清点、整理工具，收集剩余材料，归置物品，清理工程垃圾，拆除防护设施。

6. 能正确填写工作联系单的验收项目，与项目负责人有效沟通并交付验收。

建议学时：12学时。

学习过程

一、现场施工准备

1. 设置必要的安全隔离防护设施和安全标志，清理影响施工的杂物，准备现场工作环境，并将安全隔离防护设施和安全标志安放情况记录在表1—4—1中。

表 **1—4—1**

安全隔离防护设施或安全标志	位置	目的

2. 除了做好现场准备工作外，施工人员自身应做好哪些防护准备？小组讨论各自的考虑是否周全，并做好记录。

二、填写单联单控电路安装所需工具与材料清单并领料

在安装前，回顾单联单控电路的原理图与施工图，填写工具与材料清单（见表 1—4—2），并以小组为单位按仓库管理要求领取所需工具与材料。

表 1—4—2

序号	工具或材料名称	单位	数量	备注
1				
2				
3				
4				
5				
6				
7				
8				
9				
10				
11				
12				
13				
14				
15				

三、线路安装

阳台单联单控电路的安装步骤如图 1—4—1 所示。

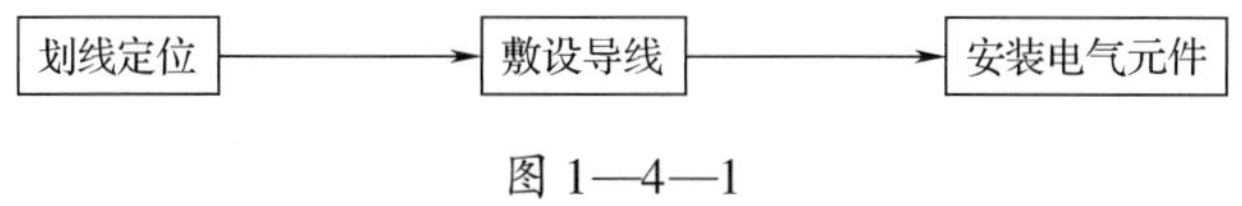

图 1—4—1

1. 划线定位

安装前，首先在墙面上划线定位，确定线路的走向和电气元件安装位置。划线时，应根据图样的要求进行线路的规划；在墙面上布线时，则可根据实际情况进行小范围的调整，同时应考虑安装位置美观等多方面的因素。

(1) 在墙面上进行划线定位一般采用什么工具？注意事项有哪些？在网孔板或木板上划线定位采用什么工具？注意事项有哪些？

（2）由于采用的多股护套软线较软，为保证线路敷设美观和安全，敷设时可采用卡钉、线槽或线管进行固定处理。其中，卡钉的位置不是任意摆放的，查阅相关资料，写出摆放固定卡钉的要求，并用粉笔记录好卡钉的个数和位置。

2．敷设导线

（1）护套线通常都是成捆存放，在使用时按需求放出一定长度，并用钢丝钳将其剪断，然后敷设。如果线路较长，则需要两人配合，一人放线，一人敷设。查阅相关资料，写出放线时的操作要点。

（2）敷设护套线时，应注意做到横平竖直，并及时用卡钉将其固定，并在需要安装电气元件的位置预留一定长度的护套线。小组讨论并分析应预留多长的护套线。

（3）敷设护套线时，若需要登高作业，应注意哪些问题?

3. 安装电气元件

本任务需要安装的电气元件主要有空气开关、熔断器、灯泡、开关等。

（1）安装电气元件前的准备工作

1）查阅相关资料，说明常用空气开关上标示的 1P、2P 和 3P 的含义。有的空气开关是 3 个进线接孔，有的是 4 个进线接孔，它们有什么区别? 本任务应选择哪种空气开关? 如果现在只有 4 个进线接孔的空气开关，可以用吗? 如果可以，应怎样接线?

2）查看熔断器铭牌，写出本任务选用熔断器的额定电流，并通过计算验证该熔丝能否负载电路的正常运行。

3）安装开关前需进行单控开关“红点”的露出或隐藏以及通断间的关系测试，以便于电路安装后开关的控制。查阅相关资料，说明单控开关为什么要印红点，并结合图 1—4—2 说明应如何用万用表测试单控（极）开关的通断情况，然后以小组为单位进行测试。测试完成后，说明电源火线、零线与单控开关触点的关系以及连接情况。

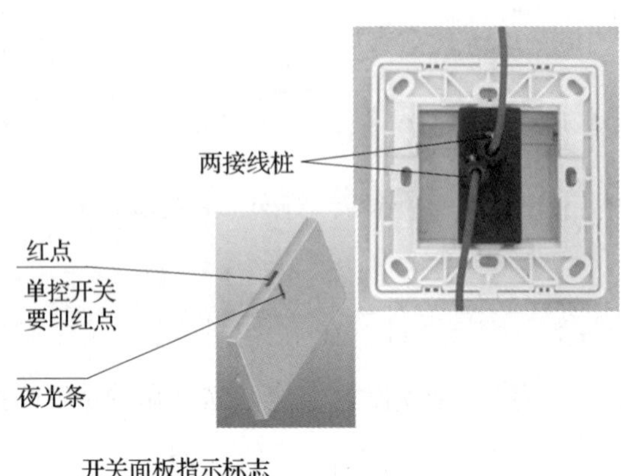

图 1—4—2

小提示

测试时，万用表的量程挡位选择开关应置于 $R\times10$ 挡，测试前先调零。

（2）将开关盒用螺钉固定在墙面上，注意所选螺钉的长度、直径应与开关盒上的螺钉孔相匹配。开关盒的安装应做到横平竖直、美观大方，同时要注意进出线的位置应与已敷设护套线的位置相一致。旋紧螺钉过程中，应注意操作技巧。使用旋具固定螺钉时，是否应该拧紧一个螺钉后再拧下一个？为什么？

（3）进行开关的接线，首先按照前面所学的方法，用电工刀剥削导线，然后将剥去绝缘层的导线按原理图接入开关的接线桩上。观察开关的接线桩，写出导线与接线桩的连接方法。对于不接到开关上的两根导线，又应如何连接？连接完成后，还应注意做好绝缘恢复处理，进行绝缘恢复处理所采用的材料是什么？工艺上有什么要求？

（4）灯座下用于在天花板上固定的木块或塑料块称为圆木。安装灯座时，首先根据施工现场墙面材质情况选择合适的工具与材料，将圆木固定在天花板上，固定时要注意将圆木中心与标记的中心点对齐，以保证安装位置准确。安装时还应将圆木边缘开出缺口，以使护套线从缺口处进入。然后从圆木面上的小孔分零线、火线分别穿出，通常穿出孔后的导线长度应保留多少？如使用冲击钻或电锤在天花板上钻孔，操作中应注意什么问题？

（5）穿出后的两根导线应接到灯座的接线桩上。灯座的接线采用螺钉压紧导线的方法，为了使接线可靠，需将导线在螺钉压紧处做成一个连接圈。操作时，圆圈弯制方向与旋具的拧紧方向是什么关系？为什么？

（6）螺旋式灯泡接线时应特别注意区分零线和火线，火线必须接在螺旋式灯泡的顶端触点上，讨论并查阅相关资料，说明其原因。

4. 在电源引入位置，连接好的线路如何与现有电源电路进行连接？根据现场实际情况，简要说明操作步骤。

5. 将安装过程中遇到的问题和解决方法记录在表 1—4—3 中。

表 **1—4—3**

序号	遇到的问题	解决方法
1		
2		
3		
4		

小提示

单联单控电路的工艺要求和检测标准如下：

◆ 灯座、开关、插座等电气元件的安装，要求合理规范、安装流畅、横平竖直。

◆ 单联单控照明线路的布线，要求接线正确规范、布线合理、整体美观大方。

四、单联单控电路的测试

1. 直观法

施工完毕，要先进行直观检查，查阅相关资料，简述电路直观检查的内容和注意事项。

2. 通电前短路、断路测试

在通电测试前，要先用万用表检查电路有无短路或断路现象。

(1) 使用指针式万用表测量电路的状态时，应选用万用表测量________的________挡位。

(2) 使用万用表测量电阻时的具体步骤和注意事项：

1) 上好电池，此时应注意________。

2) 插好表笔，“－”极接________，“＋”极接________。

3) 机械调零。测量前，应先将万用表水平放置，检查表头指针是否处于交直流挡标尺的零刻度线上。若不在零位，应通过机械调零的方法使指针回到零位，试结合图 1—4—3 说明应如何进行机械调零。

图 1—4—3

4) 选择量程。先粗略估计所测电阻阻值，再选择合适量程，如果被测电阻阻值难以估计，一般应先将开关拨至 $R\times100$ 或 $R\times1$ k 的位置进行初测，然后看指针是否停在中线附近，如图 1—4—4 所示。如果是，说明挡位合适。如果指针太靠近零，或者太靠近无穷大，应如何调整挡位?

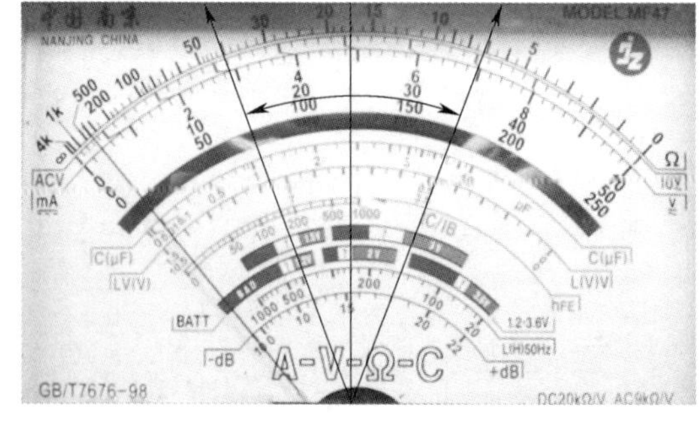

图 1—4—4

5）欧姆调零。量程选准以后，在正式开始测量之前还必须进行欧姆调零，否则测量值会有误差。查阅相关资料，简述欧姆调零的具体方法。

6）测量。

①测量电阻时，能不能带电测量？为什么？

②测量电阻时，被测电阻不能有并联支路，为什么？

③用指针式万用表测量电阻时，选择 $R\times1$ 挡，表盘指针所指位置如图 1—4—5 所示，则所测得的阻值是____________。

图 1—4—5

④使用指针式万用表检查电路是否存在短路、断路等问题时，应测量什么位置？将测量结果填入表1—4—4至表1—4—6中。

所选倍率：________________。

测量位置1：____。

表1—4—4

开关状态	实际测量值	理论值	线路状态
开关断开时			□线路正常 □线路存在短路现象，短路位置是______________ ____ □线路存在断路现象，断路位置是______________ ____
开关闭合时			

所选倍率：________________。

测量位置2：____。

表1—4—5

开关状态	实际测量值	理论值	线路状态
开关断开时			□线路正常 □线路存在短路现象，短路位置是______________ ____ □线路存在断路现象，断路位置是______________ ____
开关闭合时			

所选倍率：________________。

测量位置3：____。

表1—4—6

开关状态	实际测量值	理论值	线路状态
开关断开时			□线路正常 □线路存在短路现象，短路位置是______________ ____ □线路存在断路现象，断路位置是______________ ____
开关闭合时			

3．通电测试

断电测试完毕，确保每条电路都正常，经教师同意，可进行通电测试。接通 220 V 交流电，闭合或断开开关，观察灯泡发光情况。如果测试不成功，应当怎样检查？存在的问题可能是什么？应如何解决？

五、清理现场

施工完毕，若自检合格，应按照电工作业规程和生产现场管理 6S 标准，清点、整理工具，收集剩余材料，归置物品，清理工程垃圾，拆除防护设施。

1．查阅相关资料，简述生产现场管理 6S 标准中的 6S 指的是什么？

2．本任务施工完毕，拆除安全隔离设施的顺序是什么？

3. 本任务施工完毕，应进行哪些清点和整理工作?

六、单联单控电路的验收

完成施工和通电测试后，按单联单控电路安装工作联系单，交付验收人验收，并填写验收意见。验收时的检查项目通常包括表 1—4—7 所列的几个方面。

表 1—4—7

项目	检查结果	
	合格	不合格
按照电路图进行敷设		
电源开关控制的是相线		
各元器件固定的牢固性		
相线、零线选择的颜色正确		
接线桩处工艺（有反圈、毛刺、漏铜过多为不合格）		
线卡固定牢固		
线卡距离合理		
灯具、开关的安装高度合理		
各部分位置、尺寸正确		
接线端子可靠		
维修预留长度合理		
导线绝缘的损坏		
接线的正确性		
护套线的布线工艺性		
美观协调性		

评价与分析

根据每个小组成员在本活动学习过程中的表现情况填写《学习任务过程性考核记录表》。

学习活动5　工作总结与评价

学习目标

1. 能按分组情况，派代表展示工作成果，说明本次任务的完成情况，并做分析总结。

2. 能结合任务完成情况，正确规范地撰写工作总结（心得体会）。

3. 能就本次任务中出现的问题提出改进措施。

4. 能对学习与工作进行反思总结，并能与他人开展良好合作，进行有效沟通。

建议学时：4学时。

学习过程

一、个人、小组评价

以小组为单位，选择演示文稿、展板、海报、视频等形式中的一种或几种，向全班展示、汇报制作成果。在展示的过程中，以小组为单位进行评价；评价完成后，根据其他小组成员对本组展示成果的评价意见进行归纳总结。

二、教师评价

认真听取教师对本小组展示成果优缺点以及在任务完成过程中出现的亮点和不足的评价意见，并做好记录。

1. 教师对本小组展示成果优点的点评。

2. 教师对本小组展示成果缺点以及改进方法的点评。

3. 教师对本小组在整个任务完成过程中出现的亮点和不足的点评。

三、工作过程回顾及总结

1. 在团队学习过程中，项目负责人给你分配了哪些工作任务？你是如何完成的？还有哪些需要改进的地方？

2. 总结完成单联单控电路安装任务过程中遇到的问题和困难，列举 2～3 点你认为比较值得和其他同学分享的工作经验。

3. 回顾本学习任务的工作过程，对新学专业知识和技能进行归纳和整理，写一篇字数不少于 800 字的工作总结。

工 作 总 结

评价与分析

按照客观、公正和公平原则，在教师的指导下按自我评价、小组评价和教师评价三种方式对自己或他人在本学习任务中的表现进行综合评价。综合等级按 A（90～100）、B（75～89）、C（60～74）、D（0～59）四个级别进行填写，见表1—5—1。

表 1—5—1　　学习任务综合评价表

<table>
<tr><th rowspan="2">考核项目</th><th rowspan="2">评价内容</th><th rowspan="2">配分（分）</th><th colspan="3">评价分数</th></tr>
<tr><th>自我评价</th><th>小组评价</th><th>教师评价</th></tr>
<tr><td rowspan="6">职业素养</td><td>劳动保护用品穿戴完备，仪容仪表符合工作要求</td><td>5</td><td></td><td></td><td></td></tr>
<tr><td>安全意识、责任意识、服从意识强</td><td>6</td><td></td><td></td><td></td></tr>
<tr><td>积极参加教学活动，按时完成各项学习任务</td><td>6</td><td></td><td></td><td></td></tr>
<tr><td>团队合作意识强，善于与人交流和沟通</td><td>6</td><td></td><td></td><td></td></tr>
<tr><td>自觉遵守劳动纪律，尊敬师长，团结同学</td><td>6</td><td></td><td></td><td></td></tr>
<tr><td>爱护公物，节约材料，管理现场符合6S标准</td><td>6</td><td></td><td></td><td></td></tr>
<tr><td rowspan="3">专业能力</td><td>专业知识扎实，有较强的自学能力</td><td>10</td><td></td><td></td><td></td></tr>
<tr><td>操作积极，训练刻苦，具有一定的动手能力</td><td>15</td><td></td><td></td><td></td></tr>
<tr><td>技能操作规范，注重安装工艺，工作效率高</td><td>10</td><td></td><td></td><td></td></tr>
<tr><td rowspan="2">工作成果</td><td>线路安装符合工艺规范，线路功能满足要求</td><td>20</td><td></td><td></td><td></td></tr>
<tr><td>工作总结符合要求，线路安装质量高</td><td>10</td><td></td><td></td><td></td></tr>
<tr><td colspan="2">总分</td><td>100</td><td></td><td></td><td></td></tr>
<tr><td rowspan="2">总评</td><td rowspan="2">自我评价×20%＋小组评价×20%＋教师评价×60%＝</td><td>综合等级</td><td colspan="3" rowspan="2">教师（签名）：</td></tr>
<tr><td></td></tr>
</table>

学习任务二　双联双控电路的安装

学习目标

1. 能根据双联双控电路安装工作联系单，明确工时、工作内容等要求，并制订工作计划。

2. 能正确识读双联双控电路原理图，通过勘察施工现场，准确描述现场特征，并绘制施工图。

3. 能正确识别日光灯、双控开关、线槽等电工材料。

4. 能根据现场勘察结果和任务要求，制定双联双控电路安装施工方案。

5. 能根据任务要求和施工图样，列举所需工具和材料清单，准备工具，领取材料。

6. 能按照作业规程应用必要的安全标志和隔离设施，准备现场工作环境。

7. 能现场描绘预走线路并规划紧固位置。

8. 能根据任务要求选择合适的钻头，并使用冲击钻等工具在墙体上打孔，加工紧固位置。

9. 能明确线路的距离，正确估算导线长度。

10. 能按照图样、工艺要求和安装规程要求，规范进行双联双控电路的安装施工，并能按要求对电路进行检查和调试。

11. 能按照电工作业规程和生产现场管理6S标准，在作业完毕后清点、整理工具，收集剩余材料，归置物品，清理工程垃圾，拆除防护设施。

12. 能正确填写工作联系单的验收项目，与项目负责人有效沟通并交付验收。

13. 能对双联双控电路的安装过程进行总结、评价和成果展示。

54 学时

工作情境描述

某客户家的主卧内需要安装一盏 LED 日光灯，要实现受床头开关及进门开关双重控制的功能要求。安装公司接受该项工作任务后，开出工作联系单，要求施工人员使用线槽布线的方式进行布线施工，照明亮度符合卧室面积，并在 1 天内完成施工。施工完毕后交由项目负责人验收。

工作流程与活动

1. 明确工作任务，勘察施工现场（8 学时）
2. 施工前准备（26 学时）
3. 现场施工与交付验收（16 学时）
4. 工作总结与评价（4 学时）

学习活动1　明确工作任务，勘察施工现场

学习目标

1. 能正确填写双联双控电路安装工作联系单。

2. 能根据任务要求，查阅相关资料，明确具体工作内容和时间要求，并在教师的指导下进行分组。

3. 能根据组内成员特点，进行合理分工，并制订工作计划。

4. 能通过勘察施工现场，准确描述现场特征，确定施工位置，并根据现场情况正确绘制施工图。

建议学时：8学时。

学习过程

一、明确工作任务，制订工作计划

1. 明确工作任务

阅读表2—1—1所列双联双控电路安装工作联系单，明确本任务的工作内容和时间要求等，并根据工作情境描述和实际情况将其补充完整。

表2—1—1

No. ________________　　　　________年______月______日

<table>
<tr><td rowspan="3">申报项目</td><td>楼房号</td><td></td><td>申报人</td><td></td><td>联系电话</td><td></td></tr>
<tr><td colspan="6">申报事项：某客户家的主卧内需要安装一盏LED日光灯，要实现受床头开关及进门开关双重控制的功能。要求施工人员使用线槽布线的方式进行布线施工，照明亮度符合卧室面积，并在1天内完成施工</td></tr>
<tr><td>申报时间</td><td></td><td>要求完成时间</td><td></td><td>派单人</td><td></td></tr>
</table>

续表

<table>
<tr><td rowspan="4">安装
项目</td><td>接单人</td><td></td><td>安装开始时间</td><td></td><td>安装完成时间</td><td></td></tr>
<tr><td colspan="6">所需工具与材料：</td></tr>
<tr><td>安装内容</td><td colspan="2"></td><td colspan="2">安装人员签名</td><td></td></tr>
<tr><td>安装结果</td><td colspan="2"></td><td colspan="2">班组长签名</td><td></td></tr>
<tr><td rowspan="2">验收
项目</td><td colspan="6">安装人员工作态度是否端正：是□ 否□
本次安装是否已解决问题：是□ 否□
是否按时完成：是□ 否□
客户评价：非常满意□ 基本满意□ 不满意□
客户意见或建议：</td></tr>
<tr><td colspan="2">客户签名</td><td colspan="4"></td></tr>
</table>

注：该工作联系单一式三份，要求安装人员、派单人、班组长签名后方可施工。

（1）列举 2 ~ 3 个日常生活中采用双联双控电路的实例。

（2）查阅相关资料，简述什么是线槽布线。线槽布线的基本操作步骤是什么？

2. 分组并制订工作计划

（1）分组。

1）小组负责人：________________。

2）小组成员及分工。根据本团队成员特点，按每个人的专长安排工作岗位，确定每个施工人员（如绘图员、布线员、线路检测员等）的主要职责，并记录在表 2—1—2 中。

表 **2—1—2**

团队名称			工程周期	
编号	姓名	岗位名称	主要职责	
1		小组组长	（1）负责组织协调工作，解决工作中遇到的问题 （2）负责选择、领用布线所需材料，核对材料的型号、规格和性能参数，并进行材料成本预算 （3）负责整个布线工作中的安全检查，并协助其他成员完成工作	
2		绘图员	负责绘制线路草图、元器件位置图和布线施工时墙体上的弹线定位等	
3		布线员	负责墙体钻孔，线槽安装，电线布线、接线，灯具、开关等元器件安装等	
4		线路检测员	负责利用万用表检测各线路有无短路、断路和漏电情况	
备注：人员分工时可根据团队成员数量灵活调整工作岗位，重要岗位（如布线员）可由几个人共同完成，团队成员既有分工又要合作				

（2）制订工作计划（见表 2—1—3）。

表 **2—1—3**

任务名称			任务起止日期		
序号	步骤	具体内容	计划完成日期	预计工时	实际完成日期
1	识读图样	识读双联双控电路图			
2	勘察现场，绘制施工图	勘察现场并咨询客户，明确双联双控电路布线要求，绘制卧室布线施工图			
3	确定施工方案	从教师提供或自己制定的施工方案中选择最佳施工方案			
4	现场施工准备	根据施工现场设置隔离设施，安放安全标志，并领取工具与材料			
5	实施安装	根据施工方案，完成双联双控电路的安装			

续表

序号	步骤	具体内容	计划完成日期	预计工时	实际完成日期
6	通电测试	线路检测合格后，安装电灯或其他负载，验证线路功能			
7	交付验收	布线完成后，请客户验收布线工程，对客户提出的问题，及时给予答复并加以完善			
8	工作总结	根据自己在双联双控电路安装任务中的表现，总结经验和不足，撰写工作报告并加以展示			

教师审核意见：

教师（签名）：__________ 制订计划人（签名）：__________

年 月 日

二、识读并分析双联双控电路原理图

1. 同时具有常开、常闭两个触点的开关，称为双控开关。而双联双控电路是指用两个双控开关在不同的位置控制一盏灯，按其中任一个开关灯会亮，再按其中任一个开关灯会灭的控制电路，其电路原理图如图 2—1—1 所示。

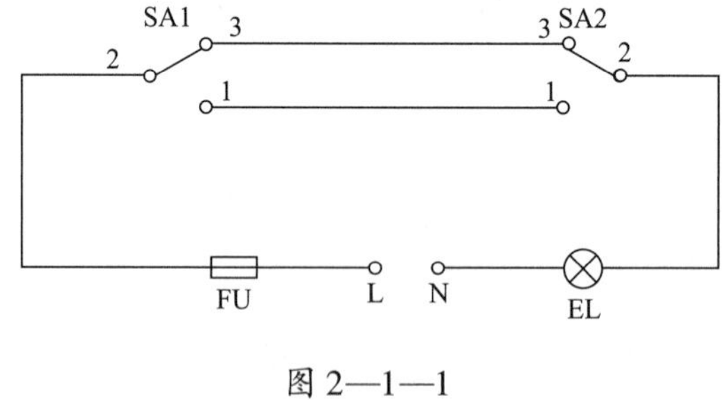

图 2—1—1

观察电路原理图中两个开关 SA1 和 SA2 的连接关系，讨论开关处于不同位置时，灯泡的亮、灭情况怎样变化，归纳整理后记录下来。

2. 双联双控电路的另外一种接法如图 2—1—2 所示，相线 L 和中性线 N 都进入双控开关。甲、乙双控开关均连接中性线和相线，然后由甲、乙开关各引一条单线至灯具所在位置。这里应注意，引入两个双控开关的相线必须为同相，否则不能采用该接线方法。

图 2—1—2

观察电路原理图中甲、乙两个开关的连接关系，讨论开关处于不同位置时，灯泡的亮、灭情况怎样变化，归纳整理后记录下来。

3. 通过分析比较以上两种接法的区别和特点，确定本任务采用哪种接法比较好，并说明理由。

4．小组成员结合生活经验相互讨论，这样的控制方式具有什么优点，还有哪些地方的灯也可以采取这种控制方式。

三、勘察施工现场，绘制施工图

1．通过施工现场勘察可以发现，相对上一任务的施工图，绘制本任务施工图可能会用到更多的图形符号。复习学习任务一中总结的施工图常用符号，查阅相关资料，在教师的引导下识读图 2—1—3 所示某办公楼电气照明安装平面图，熟悉不同符号的含义和标注方法，并将图样中的主要信息记录下来。

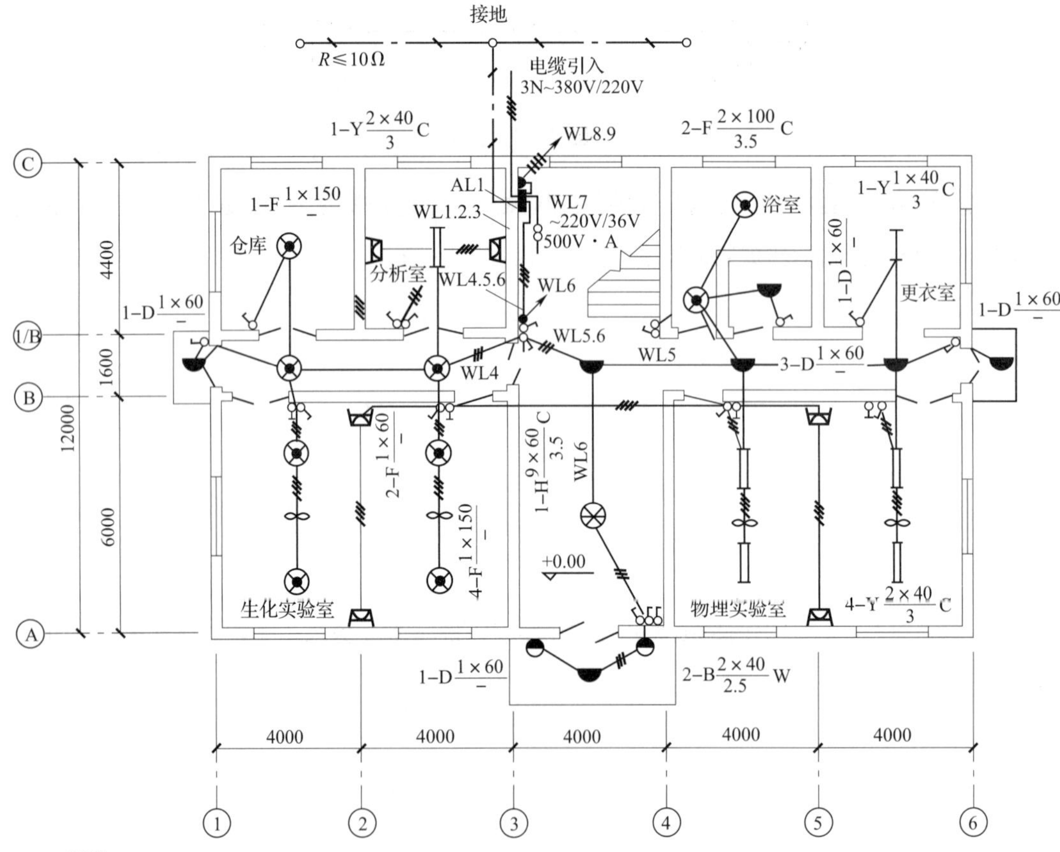

说明：
1. 插座导线：BV-500-4×4-S20-FC。
2. 照明线路：BV-500-2.5-PC20-WC。

图 2—1—3

（1）图2—1—3所示办公楼电气照明安装平面图中一共有多少个房间？多少个开关？多少个插座？多少盏灯？

（2）生化实验室内有几盏灯？几个开关？其到门的距离分别为多少？

（3）从图中可以看出该电气照明安装平面图用了哪些类型的导线？

2. 本任务要完成的双联双控电路是在单联单控电路的基础上进行的改良，但是环境却大不相同，在卧室中安装日光灯与开关应充分考虑床的摆放位置、高度等环境因素，所以需对环境进行充分的勘察与分析。

（1）房间的面积：________________。

（2）房间的高度：________________。

（3）电路供电情况：________________。

（4）床的位置、高度：________________。

3. 结合前面所学知识，根据施工现场的勘察结果，设计本任务双联双控电路的照明线路安装平面图，并在设计的施工图样上标明相关尺寸、灯具和开关的位置及控制关系。

4. 阅读《建筑电气照明装置施工与验收规范》（GB 50617—2010）中关于灯具和开关安装的相关规定，描述本任务中日光灯和两个开关的安装位置，进一步调整前面绘制的施工图。

小资料

《建筑电气照明装置施工与验收规范》（GB 50617—2010）中关于灯具和开关安装的相关规定如下：

1. 灯具

（1）对装有白炽灯泡的吸顶灯具，灯泡不应紧贴灯罩；当灯泡与绝缘台之间的距离小于 5 mm 时，灯泡与绝缘台之间应采取隔热措施。

（2）吊链灯具的灯线不应受拉力，灯线应与吊链编插在一起。

（3）灯具固定应牢固可靠。每个灯具固定用的螺钉或螺栓不应少于 2 个；当绝缘台直径为 75 mm 及以下时，可采用 1 个螺钉或螺栓固定。

（4）当吊灯灯具质量大于 3 kg 时，应采用预埋吊钩或螺栓固定；当软线吊灯灯具质量大于 1 kg 时，应增设吊链。

（5）开关至灯具的导线应使用额定电压不低于 500 V 的铜芯多股绝缘导线。

2. 开关

（1）安装在同一建筑物、构筑物内的开关，宜采用同一系列的产品，开关的通断位置应一致，且操作灵活、接触可靠。

(2) 开关安装的位置应便于操作，开关边缘距门框的距离宜为0.15～0.2 m；开关距地面高度宜为1.3 m；拉线开关距地面高度宜为2～3 m，且拉线出口应垂直向下。

(3) 并列安装的相同型号开关距地面高度应一致，高度差不应大于1 mm；同一室内安装的开关高度差不应大于5 mm；并列安装的拉线开关的相邻间距不宜小于20 mm。

(4) 相线应经开关控制，民用住宅严禁装设床头拉线和船形开关。

5. 小组成员相互讨论，设计的卧室照明线路施工图样是否合理、可行，并根据讨论结果和教师点评，进一步修改完善，确定最终的施工图样。

评价与分析

根据每个小组成员在本活动学习过程中的表现情况填写《学习任务过程性考核记录表》。

学习活动 2　施工前准备

学习目标

1. 能根据勘察结果和双联双控电路施工图样，列举所需工具和材料清单。

2. 能正确识别 LED 日光灯电路各组成元件。

3. 能正确选择线槽，并能进行 PVC 线槽的安装。

4. 能根据施工图样明确线路的距离，估算导线长度。

5. 能根据双联双控电路安装平面图和现场勘察情况，制定双联双控电路安装方案，并分组展示。

建议学时：26 学时。

学习过程

一、元器件、材料和工具准备

1. 认识完成任务所需的元器件和材料

根据图 2—2—1 所示双联双控电路原理图和图 2—2—2 所示双联双控电路安装平面图，列出电路中所用到的元器件和材料，并填入表 2—2—1 中。

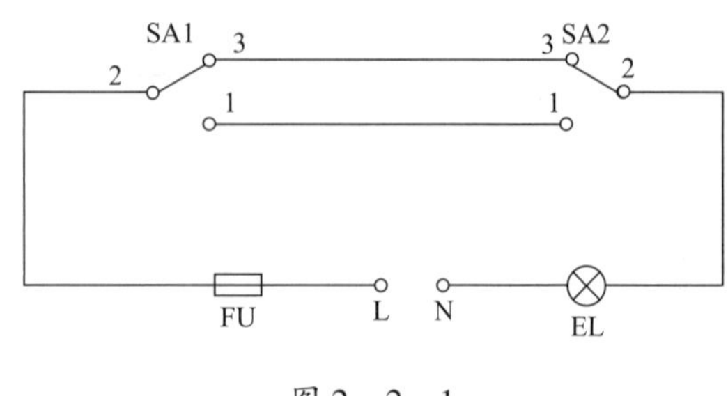

图 2—2—1

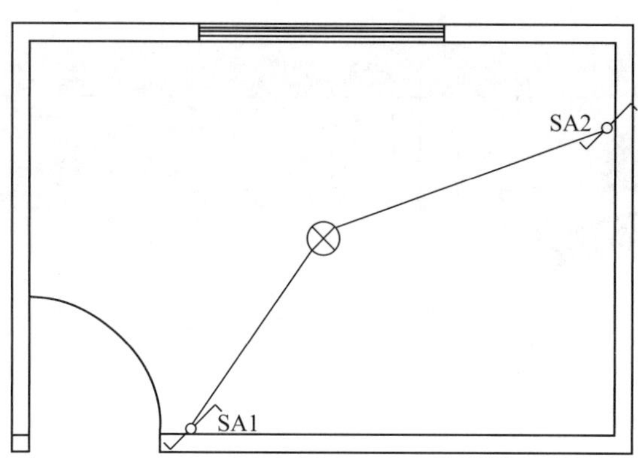

图 2—2—2

表 **2—2—1**

序号	实物图片	名称与符号	作用
1			
2			
3			
4			

续表

序号	实物图片	名称与符号	作用
5			
6			
7			
8			
9			

（1）双控开关

1）分析本任务电路图可知，其与单联单控电路的主要区别是开关和灯具的不同。在双联双控电路中使用的开关是双控开关，如图 2—2—3 所示。双控开关有 3 个接线头，查阅相关资料，说明 3 个接线头分别接什么线。

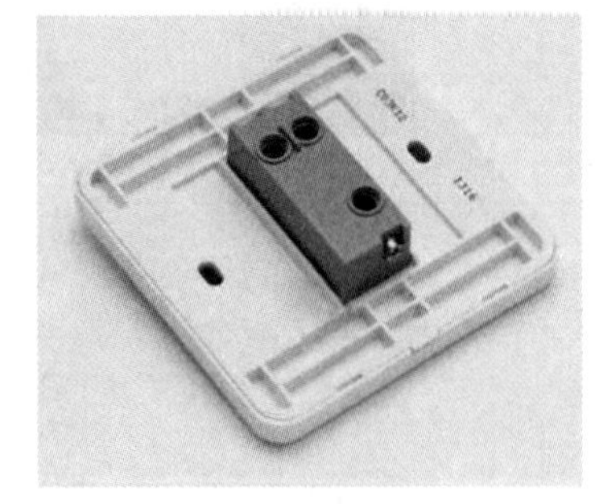

图 2—2—3

2）查阅相关资料，简述安装双控开关的注意事项。

（2）日光灯

1）传统日光灯（电感镇流器）最常见的有 20 W 和 40 W 两种，实际耗电分别约为 53 W 和 68 W。其由镇流器、启辉器、灯座、灯管和电线组成，其电路原理图如图 2—2—4 所示。查阅相关资料，简述传统日光灯的基本工作原理及各元器件的作用。

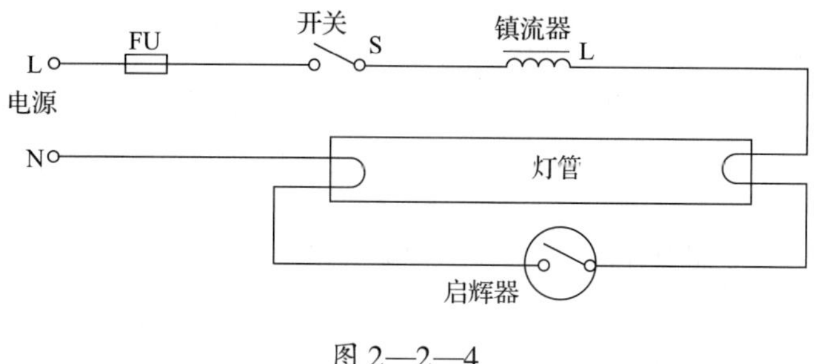

图 2—2—4

2）本任务选用的是 LED 日光灯，观察图 2—2—5 并查阅相关资料，简述 LED 日光灯与传统日光灯的优缺点。

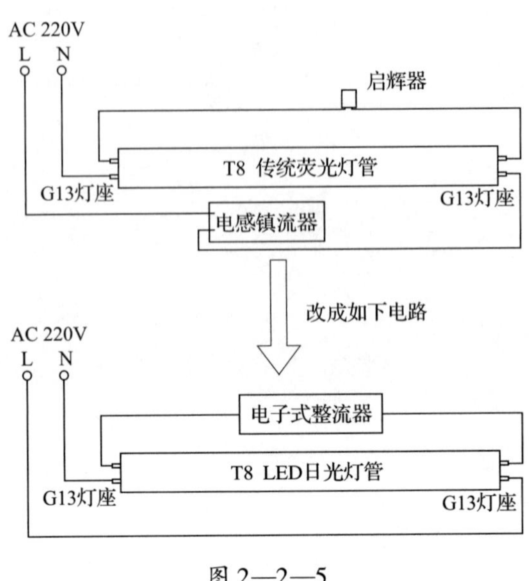

图 2—2—5

3）查阅相关资料，简述 LED 日光灯的安装方法与注意事项。

（3）线槽

1）常见的线槽有 PVC 线槽、无卤 PPO 线槽、无卤 PC/ABS 线槽、钢铝等金属线槽四大类，查阅相关资料，识别各种类型的线槽并进行正确连线。

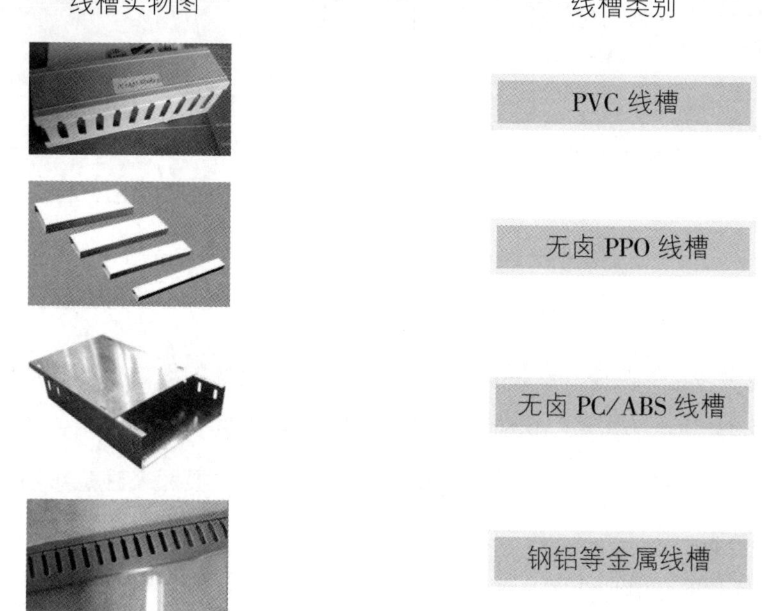

2）比较上述 4 种线槽的优缺点，根据任务需要选择适合本工程的线槽，并说明理由。

3）PVC 线槽的安装。

①PVC 线槽的切断。PVC 线槽安装前，应根据线槽每段所需的长度进行切断。常用的切断工具有钢锯、专用剪管刀等，查阅相关资料，简述其使用方法与注意事项，并使用钢锯或专用剪管刀练习 PVC 线槽的切断。

➢ 钢锯和专用剪管刀的使用方法与注意事项。

➤ 练习 PVC 线槽的切断并在表 2—2—2 中做好记录。

表 **2—2—2**

组员姓名	选用工具	**PVC** 线槽型号	次数	切口是否垂直，切口的毛刺是否清理干净

②PVC 线槽转角的制作。安装 PVC 线槽时，在某些特殊的地方（如拐角处）需要 PVC 线槽呈现两个 45°拼合的直角，这时就需要制作 PVC 线槽转角。查阅相关资料或请教指导教师，补齐表 2—2—3 所列线槽转角制作各步骤对应的操作要领及注意事项，并练习 PVC 线槽 45°角的制作。

➤ PVC 线槽转角制作步骤见表 2—2—3。

表 **2—2—3**

操作步骤	操作示意图	操作要领及注意事项
1	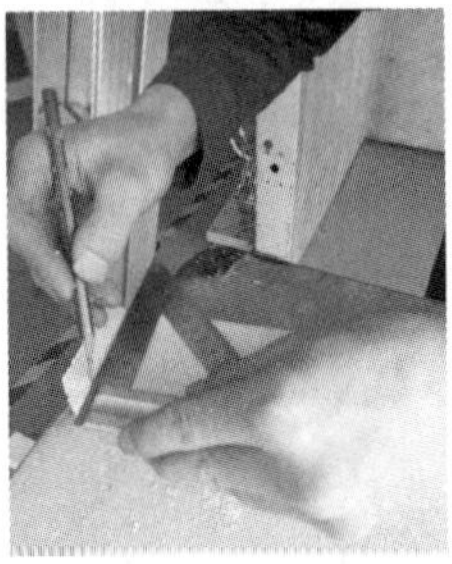	将 PVC 线槽的一边用钢直尺划线定位，标记成直线待用
2		将 PVC 线槽的另一边标记成 45°角划线定位，待用

续表

操作步骤	操作示意图	操作要领及注意事项
3	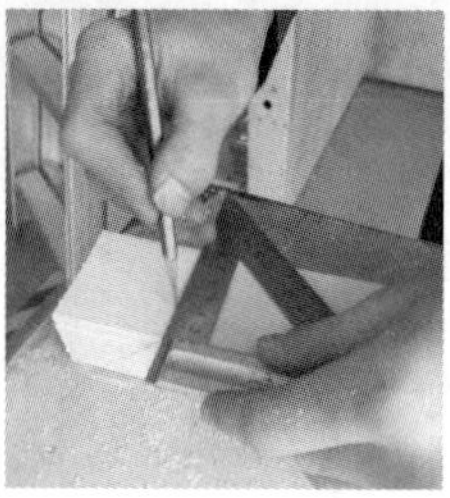	
4		
5	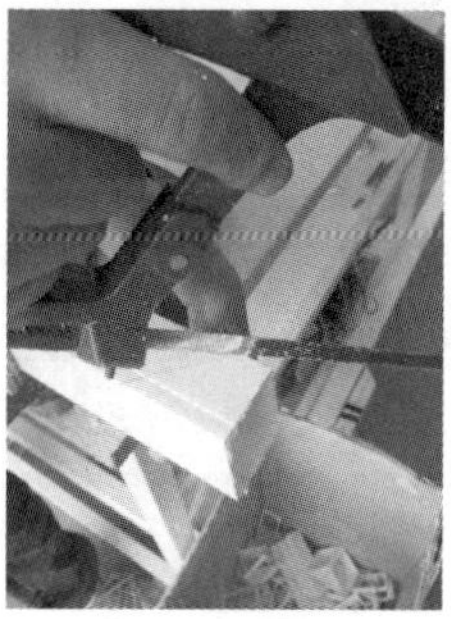	
6		

续表

操作步骤	操作示意图	操作要领及注意事项
7	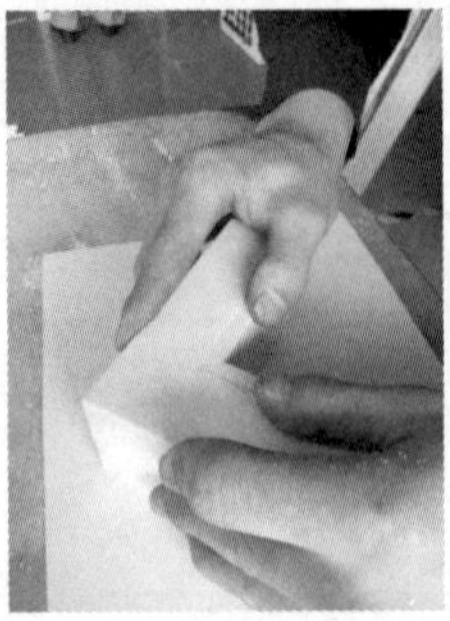	
8		

➢ 练习 PVC 线槽 45°角的制作并在表 2—2—4 中做好记录。

表 **2—2—4**

组员姓名	**PVC** 线槽型号	次数	是否符合转角的角度要求，表面是否光滑无毛刺

③PVC 线槽的固定。

➢ 查阅相关资料，简述固定 PVC 线槽需要哪些工具和材料，并说明图 2—2—6 所示两种塑料膨胀管的优缺点。

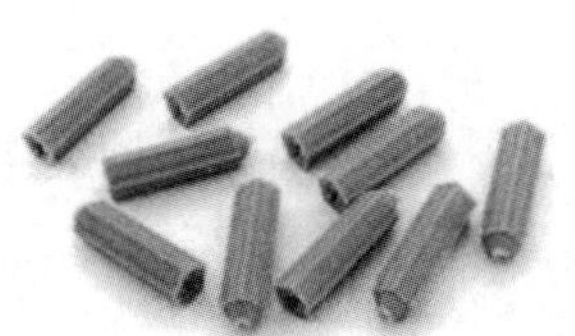
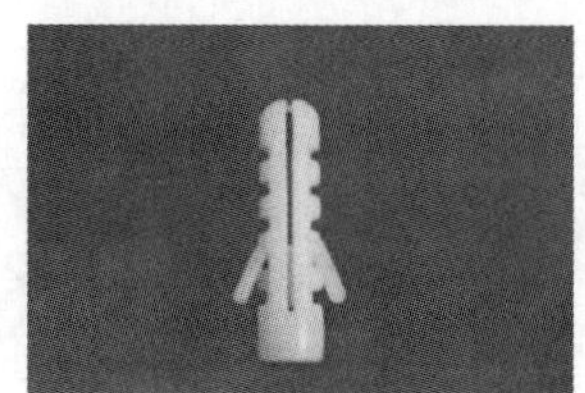

图 2—2—6

➤ 本任务中，你会选择哪种塑料膨胀管？理由是什么？

➤ 根据钢钉和塑料膨胀管的尺寸选择冲击钻钻头尺寸。

2. 导线长度的估算

根据勘察施工现场后完善的双联双控电路施工图，计算完成任务所需的导线长度。计算时要注意考虑墙体到灯的距离、房顶到开关的距离以及取电处到开关的距离等因素。

二、制定施工方案

1. 制定施工方案，首先应明确完成安装任务的基本步骤。查阅相关资料，并在教师的指导下，明确安装双联双控电路的基本施工步骤。

2. 根据本任务施工步骤，小组讨论图 2—2—7 所示工具中哪些是安装双联双控电路需要准备的。除此之外，还有没有本任务安装卧室照明线路需要使用的工具？如果有，说出其名称、功能和使用方法。

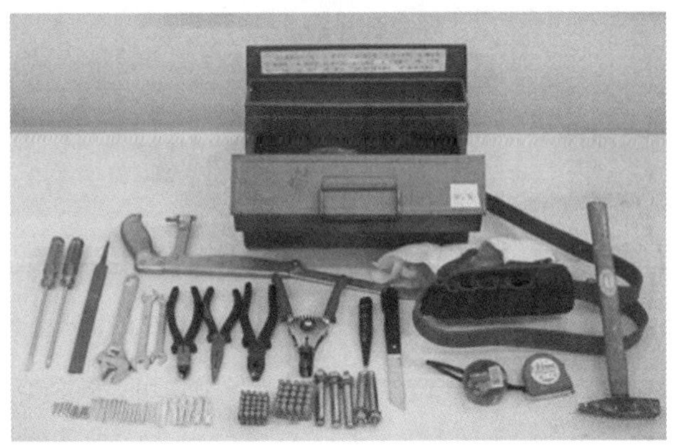

图 2—2—7

3．通过小组讨论，制定本小组安装双联双控电路的施工方案，展示并决策出最佳工作方案，填入表2—2—5中。

表 **2—2—5**

<table>
<tr><td>任务名称</td><td colspan="2"></td><td>任务起止日期</td><td></td><td>方案制定日期</td><td colspan="2"></td></tr>
<tr><td>序号</td><td>施工步骤</td><td colspan="3">具体工作内容</td><td>所需资料、材料及工具</td><td>负责人</td><td>参与人员</td></tr>
<tr><td>1</td><td></td><td colspan="3"></td><td></td><td></td><td></td></tr>
<tr><td>2</td><td></td><td colspan="3"></td><td></td><td></td><td></td></tr>
<tr><td>3</td><td></td><td colspan="3"></td><td></td><td></td><td></td></tr>
<tr><td>4</td><td></td><td colspan="3"></td><td></td><td></td><td></td></tr>
<tr><td>5</td><td></td><td colspan="3"></td><td></td><td></td><td></td></tr>
<tr><td>6</td><td></td><td colspan="3"></td><td></td><td></td><td></td></tr>
<tr><td>7</td><td></td><td colspan="3"></td><td></td><td></td><td></td></tr>
<tr><td>8</td><td></td><td colspan="3"></td><td></td><td></td><td></td></tr>
</table>

教师审核意见：

教师（签名）：______________　　　决策人（签名）：______________

年　　月　　日

评价与分析

根据每个小组成员在本活动学习过程中的表现情况填写《学习任务过程性考核记录表》。

学习活动3　现场施工与交付验收

学习目标

1. 能按照作业规程应用必要的安全标志和隔离设施，准备现场工作环境。

2. 能正确填写工具与材料清单，并能按仓库管理要求以小组为单位领料。

3. 能正确使用电工工具，按照相关布线工艺要求进行双联双控电路的安装，并实现相关功能。

4. 能使用验电器、万用表等电工仪表进行双联双控电路的通电测试。

5. 能按照电工作业规程和生产现场管理6S标准，在作业完毕后清点、整理工具，收集剩余材料，归置物品，清理工程垃圾，拆除防护设施。

6. 能正确填写工作联系单的验收项目，与项目负责人有效沟通并交付验收。

建议学时：16学时。

学习过程

一、现场施工准备

1. 回顾上一任务的施工过程，在施工开始前，本任务应做哪些准备工作?

2. 根据施工现场的要求，说一说图 2—3—1 中哪些安全标志牌必须在本任务中悬挂，并在图下的括号内打“√”。除此之外，还有其他需要悬挂的安全标志牌吗?

图 2—3—1

3. 现场施工时，考虑到双联双控电路两地控制的特点，在准备工作和安全防范措施方面应注意哪些问题?

二、填写双联双控电路安装所需工具与材料清单并领料

在安装前，回顾双联双控电路的原理图与施工图，填写工具与材料清单（见表 2—3—1），并以小组为单位按仓库管理要求领取所需工具与材料。

表 **2—3—1**

序号	工具或材料名称	单位	数量	备注
1				
2				
3				
4				
5				
6				
7				
8				
9				
10				
11				
12				
13				
14				
15				
16				

三、线路安装

LED 日光灯线路的基本安装步骤和上一任务所学的单联单控线路基本相同，主要区别在于线槽的安装以及灯具、开关的安装。

1. 划线定位

按照表 2—3—2 所列操作步骤进行划线定位，并查阅相关资料，补齐各步骤的操作注意事项。

表 **2—3—2**

序号	操作步骤	操作要点	操作注意事项
1	确定元器件的安装位置	根据双联双控电路安装平面图，用铅笔、直尺或墨斗将电源开关、照明灯具的安装位置标注出来	
2	弹线确定线槽的走向	在确定各元器件的安装位置后，从导线始端至终端（先干线后支线）找好水平或垂直位置，用墨斗在线路中心弹线，标明线槽的走向	
3	确定线槽固定点	将每段线槽均匀分档，用笔画出分档位置后，再细查塑料胀管是否齐全，固定点位置是否正确，否则应及时补齐	
4	钻孔加塞	根据胀管直径和长度选择钻头。在标出的固定点位置先用冲击钻钻孔，钻好孔后，将孔内残存的杂物清理干净，用木锤把塑料胀管垂直敲入孔中，以与建筑物表面平齐为准，再用石膏将缝隙填实抹平	

2. 线路敷设

（1）PVC 线槽的选择

本任务选用的 PVC 线槽的型号是______________，内径是________ cm。根据施工图计算可得，本任务需要的 PVC 线槽的数量为________根。通过查询网络可知，每根 PVC 线槽的价格为________，共计__________。

（2）PVC 线槽的切断

根据各段导线敷设的需要，先用钢卷尺测量每段导线从始端到终端的距离，然后用钢锯将领来的线槽按尺寸进行切断。

（3）PVC 线槽转角的制作

在实际工作环境中，本任务共制作了__________个转角。

（4）PVC 线槽的固定

按照表 2—3—3 所列操作步骤固定 PVC 线槽，并查阅相关资料，补齐各步骤的操作注意事项。

表 2—3—3

序号	操作步骤	操作要点	操作注意事项
1	线槽底板固定	用半圆头木螺钉加垫圈将线槽底板固定在塑料胀管上，紧贴建筑物表面	应先固定____________，再固定____________，同时找正线槽底板，要横平竖直，并沿建筑物形状表面进行敷设
2	线槽底板连接	线槽及附件连接处应严密平整，无缝隙	固定点的最大间距为_______

小提示

安装线槽各种附件时应注意以下几点：

◆ 盒子均应两点固定，各种附件角、转角、三通等固定点不应少于两点（卡装式除外）。

◆ 接线盒、灯头盒应采用相应插口连接。

◆ 线槽的终端应采用终端头封堵。

◆ 在线路分支接头处应采用相应的接线箱。

◆ 安装铝合金装饰板时，应牢固、平整、严实。

（5）导线的敷设

按照表 2—3—4 所列操作步骤敷设导线，并查阅相关资料，补齐各步骤的操作注意事项。

表 2—3—4

序号	操作步骤	操作要点	操作注意事项
1	清扫线槽	放线时，先用布清除槽内的污物，使线槽内外清洁	清扫线槽时应注意__________ ____________________
2	槽内放线	先将导线放开伸直，捋顺后盘成大圈，置于放线架上，从始端到终端边放边整理，导线应顺直，不得有挤压、背扣、扭结和受损等现象	放线时导线的__________必须符合设计要求，线槽内敷设导线的线芯最小允许截面积：铜导线为________，铝导线为________

小提示

为避免导线在线槽内缠绕、打结，可以用绝缘胶布将导线每 8 ~ 10 cm 捆绑一下。将导线放好后，在出线口预留一定的距离。线槽内不允许出现接头，导线接头应放在接线盒内。

(6) 导线的连接

查阅相关资料，简述线槽布线时导线连接的注意事项。

(7) 线槽盖板的安装

当线路检测合格后，将线槽盖板安装在槽底板上，完成线槽布线施工任务。

小提示

直线段的线槽盖板接口与线槽底板接口应错开，其间距不小于 100 mm。线槽盖板无扭曲和翘角变形现象，接口严密整齐，槽板表面色泽均匀无污染。

3. 灯具的安装

灯具的安装具体包括灯座的安装接线和 LED 日光灯灯管的安装。由于日光灯的安装涉及登高操作，较为不便，本任务可先用教学设备进行练习，再进行实地操作。

（1）灯座的安装。LED 日光灯的灯座由一个固定式灯座和一个带弹簧的活动式灯座组成，以便于 LED 日光灯灯管的安装。电路的零线、火线分别接在两个灯座的一个接线桩上，灯座固定在灯架上。安装灯座时，两个灯座分别固定在灯架的两端，固定时，其间距应如何控制？若接线选用的是多股软导线，制作连接圈时应如何处理线芯？

（2）灯架的固定。固定灯架的方式有吸顶式和悬吊式两种。安装前，应先在设计的固定点处打孔预埋合适的紧固件，然后将灯架固定在紧固件上，载流导线不承受重力。当整个 LED 日光灯质量超过多少时应采用吊链？根据现场实际情况，你采用的是哪种固定方式？

（3）如果所用灯架为金属材料，应注意哪些问题以避免短路或漏电等危险？

4. 双控开关的安装

进行双控开关的安装要注意开关不能倒置，查阅相关资料并说明其面板上的红色标志应朝哪个方向，应如何避免开关在安装过程中倒置。

5. 登高梯的使用

本任务安装灯具时，需要使用登高梯进行登高作业，回顾上一任务中所学知识，简述使用登高梯进行登高作业时要注意哪些事项，如何确保作业安全。

6. 安装过程中遇到了什么问题？是如何解决的？在表 2—3—5 中记录下来。

表 **2—3—5**

序号	遇到的问题	解决方法
1		
2		
3		
4		

四、双联双控电路的测试

安装完毕，先进行直观检查和通电前的有无短路或断路检查，然后再进行通电测试。

1．对日光灯线路进行检修时需要使用万用表的电压挡和电阻挡。当测量直流电压和交流电压时，应选择标记哪种符号的挡位?

2．用指针式万用表测量直流电压时，红表笔必须接______，黑表笔必须接_________。一旦接反，指针将________偏转，严重时会__________。若无法确定待测试两点之间电位的高低，则将万用表____________再行测试，若发现表笔左偏说明______________，掉转表笔并选择合适量程重新测量即可。

3．接通电源后，若线路正常，能观察到什么现象?

4. 电源接通后，是否工作正常？如果存在故障，应及时判断是线路故障还是电气元件故障，并在表 2—3—6 中记录故障现象，查阅相关资料，按照相应的检修方法进行检修。

表 2—3—6

序号	故障现象	故障原因	检修方法
1			
2			
3			
4			
5			

5. 小组间交流讨论故障检修过程，将其他小组有价值的故障检修经验补充记录在表 2—3—6 中。

五、清理现场

施工完毕，若自检合格，应按照电工作业规程和生产现场管理 6S 标准，清点、整理工具，收集剩余材料，归置物品，清理工程垃圾，拆除防护设施。

1. 本任务施工完毕，拆除安全隔离设施的顺序是什么？

2. 本任务施工完毕，应进行哪些现场清理工作?

六、双联双控电路的验收

完成施工和通电测试后，按双联双控电路安装工作联系单，交付验收人验收，并填写验收意见。验收时的检查项目通常包括表2—3—7所列的几个方面。

表2—3—7

项目	检查结果	
	合格	不合格
按照电路图进行敷设		
电源开关控制的是相线		
各元器件固定的牢固性		
相线、零线选择的颜色正确		
接线桩处工艺（有反圈、毛刺、漏铜过多为不合格）		
线卡固定牢固		
线卡距离合理		
灯具、开关的安装高度合理		
各部分位置、尺寸正确		
接线端子可靠		
维修预留长度合理		
导线绝缘的损坏		
接线的正确性		
护套线的布线工艺性		
美观协调性		

评价与分析

根据每个小组成员在本活动学习过程中的表现情况填写《学习任务过程性考核记录表》。

学习活动 4　工作总结与评价

学习目标

1. 能按分组情况，派代表展示工作成果，说明本次任务的完成情况，并做分析总结。

2. 能结合任务完成情况，正确规范地撰写工作总结（心得体会）。

3. 能就本次任务中出现的问题提出改进措施。

4. 能对学习与工作进行反思总结，并能与他人开展良好合作，进行有效沟通。

建议学时：4 学时。

学习过程

一、个人、小组评价

以小组为单位，选择演示文稿、展板、海报、视频等形式中的一种或几种，向全班展示、汇报制作成果。在展示的过程中，以小组为单位进行评价；评价完成后，根据其他小组成员对本组展示成果的评价意见进行归纳总结。

二、教师评价

认真听取教师对本小组展示成果优缺点以及在任务完成过程中出现的亮点和不足的评价意见，并做好记录。

1. 教师对本小组展示成果优点的点评。

2. 教师对本小组展示成果缺点以及改进方法的点评。

3. 教师对本小组在整个任务完成过程中出现的亮点和不足的点评。

三、工作过程回顾及总结

1. 在团队学习过程中，项目负责人给你分配了哪些工作任务？你是如何完成的？还有哪些需要改进的地方？

2. 总结完成双联双控电路安装任务过程中遇到的问题和困难，列举 2 ~ 3 点你认为比较值得和其他同学分享的工作经验。

3. 回顾本学习任务的工作过程，对新学专业知识和技能进行归纳和整理，写一篇字数不少于 800 字的工作总结。

工 作 总 结

评价与分析

按照客观、公正和公平原则，在教师的指导下按自我评价、小组评价和教师评价三种方式对自己或他人在本学习任务中的表现进行综合评价。综合等级按 A（90～100）、B（75～89）、C（60～74）、D（0～59）四个级别进行填写，见表 2—4—1。

表 2—4—1 学习任务综合评价表

考核项目	评价内容	配分（分）	评价分数		
			自我评价	小组评价	教师评价
职业素养	劳动保护用品穿戴完备，仪容仪表符合工作要求	5			
	安全意识、责任意识、服从意识强	6			
	积极参加教学活动，按时完成各项学习任务	6			
	团队合作意识强，善于与人交流和沟通	6			
	自觉遵守劳动纪律，尊敬师长，团结同学	6			
	爱护公物，节约材料，管理现场符合 6S 标准	6			
专业能力	专业知识扎实，有较强的自学能力	10			
	操作积极，训练刻苦，具有一定的动手能力	15			
	技能操作规范，注重安装工艺，工作效率高	10			
工作成果	线路安装符合工艺规范，线路功能满足要求	20			
	工作总结符合要求，线路安装质量高	10			
总分		100			
总评	自我评价 ×20% + 小组评价 ×20% + 教师评价 ×60% =	综合等级	教师（签名）：		

学习任务三　客厅线路的安装

学习目标

1. 能根据客厅线路安装工作联系单，明确工时、工作内容等要求，并制订工作计划。

2. 能通过勘察施工现场，准确描述现场特征，明确客厅布线要求，并根据现场情况绘制客厅电气安装平面图。

3. 能根据客厅电气安装平面图、家庭布线标准等，正确选用 PVC 线管、线材和电气元件，并列出客厅布线所需工具和材料清单。

4. 能根据工具和材料清单领用布线工具和材料，并核对 PVC 线管、线材、插座和开关面板的名称、型号及规格。

5. 能制作水晶头，正确进行网线、电话线和光纤线的连接，并使用相关仪器进行测试。

6. 能根据现场勘察结果和任务要求，制定客厅线路安装施工方案。

7. 能按照图样、工艺要求和安装规程要求，完成客厅线路的安装。

8. 能用万用表、兆欧表、网络测试仪等检测客厅线路，进行故障排除，并通电试运行。

9. 能按照电工作业规程和生产现场管理 6S 标准，在作业完毕后清点、整理工具，收集剩余材料，归置物品，清理工程垃圾，拆除防护设施。

10. 能为客户讲解客厅电气线路的使用、维护和保养知识，并交付验收。

11. 能对客厅线路的安装过程进行总结、评价和成果展示。

建议学时

54 学时

工作情境描述

某客户家的客厅在初次装修时采用的是墙外铝芯塑料护套线布线，最近由于客厅家用电器增多，老化的线路已不能适应现代家庭生活需求。于是，该客户决定将客厅电气线路改造为线管布线，并找朋友设计了客厅电气布线示意图（包括电视机、音箱、计算机等家用电器的摆放位置）。现委托安装公司根据客厅电气布线示意图和实际施工现场绘制客厅电气安装平面图，在一周内完成客厅强弱电布线工程，并交由项目负责人验收。要求布线线路美观，插座插孔布局规范、合理。

工作流程与活动

1. 明确工作任务，勘察施工现场（4 学时）
2. 施工前准备（32 学时）
3. 现场施工与交付验收（14 学时）
4. 工作总结与评价（4 学时）

学习活动1　明确工作任务，勘察施工现场

学习目标

1. 能正确填写客厅线路安装工作联系单。

2. 能根据任务要求，查阅相关资料，明确具体工作内容和时间要求，并在教师的指导下进行分组。

3. 能根据组内成员特点，进行合理分工，并制订工作计划。

4. 能通过勘察施工现场，准确描述现场特征，明确客厅布线要求，并根据现场情况绘制客厅电气安装平面图。

建议学时：4 学时。

学习过程

一、明确工作任务，制订工作计划

1. 明确工作任务

阅读表 3—1—1 所列客厅线路安装工作联系单，明确本任务的工作内容和时间要求等，并根据工作情境描述和实际情况将其补充完整。

表 3—1—1

No. ________　　　　　________年______月______日

申报项目	楼房号		申报人		联系电话	
	申报事项：某客户家的客厅在初次装修时采用的是墙外铝芯塑料护套线布线，最近由于客厅家用电器增多，老化的线路已不能适应现代家庭生活需求。于是，该客户决定将客厅电气线路改造为线管布线，并找朋友设计了客厅电气布线示意图（包括电视机、音箱、计算机					

续表

<table>
<tr><td>申报项目</td><td colspan="6">等家用电器的摆放位置)。现委托安装公司根据客厅电气布线示意图和实际施工现场绘制客厅电气安装平面图，并在一周内完成客厅强弱电布线工程。要求布线线路美观，插座插孔布局规范、合理</td></tr>
<tr><td></td><td>申报时间</td><td></td><td>要求完成时间</td><td></td><td>派单人</td><td></td></tr>
<tr><td rowspan="4">安装项目</td><td>接单人</td><td></td><td>安装开始时间</td><td></td><td>安装完成时间</td><td></td></tr>
<tr><td colspan="6">所需工具与材料：</td></tr>
<tr><td>安装内容</td><td colspan="2"></td><td colspan="2">安装人员签名</td><td></td></tr>
<tr><td>安装结果</td><td colspan="2"></td><td colspan="2">班组长签名</td><td></td></tr>
<tr><td rowspan="2">验收项目</td><td colspan="6">安装人员工作态度是否端正：是□ 否□
本次安装是否已解决问题：是□ 否□
是否按时完成：是□ 否□
客户评价：非常满意□ 基本满意□ 不满意□
客户意见或建议：</td></tr>
<tr><td colspan="2">客户签名</td><td colspan="4"></td></tr>
</table>

注：该工作联系单一式三份，要求安装人员、派单人、班组长签名后方可施工。

2. 分组并制订工作计划

(1) 分组。

1) 小组负责人：________________。

2) 小组成员及分工。根据本团队成员特点，按每个人的专长安排工作岗位，明确每个人的主要职责，并记录在表 3—1—2 中。

表 **3—1—2**

团队名称			工程周期	
编号	姓名	岗位名称	主要职责	
1		小组组长	负责组织协调工作，解决工作中遇到的问题	
2		材料员	负责选择、领用布线所需材料，核对材料的型号、规格和性能参数，并进行材料成本预算	
3		绘图员	负责绘制线路草图、元器件位置图和布线施工时墙体上的弹线定位等	
4		布线员	负责墙体钻孔，线管安装，电线布线、接线，插座、开关等元器件安装等	
5		线路检测员	负责利用万用表和兆欧表等检测各线路有无短路、断路和漏电情况	
6		安检员	负责整个布线工作中的安全检查，并协助其他成员完成工作	
备注：人员分工时可根据团队成员数量灵活调整工作岗位，重要岗位可由几个人共同完成，团队成员既有分工又要合作				

（2）制订工作计划（见表 3—1—3）。

表 **3—1—3**

任务名称			任务起止日期		
序号	步骤	具体内容	计划完成日期	预计工时	实际完成日期
1	勘察现场	勘察现场并咨询客户，明确客厅电气布线要求			
2	绘制施工图	根据现场勘测情况、客厅电气布线示意图以及与客户沟通的情况，绘制客厅电气安装平面图			
3	确定施工方案	通过小组讨论、教师的讲解，完善施工图样，并确定最终的施工方案			

续表

序号	步骤	具体内容	计划完成日期	预计工时	实际完成日期
4	现场施工准备	(1) 根据施工现场设置隔离设施，安放安全标志 (2) 小组讨论选择合适的导线（电线、电话线、网线等）、开关、插座等，并确定最终的数量 (3) 领取工具与材料			
5	实施安装	根据施工方案，完成客厅电路的安装			
6	通电测试	通电前检查，使用万用表等检测各线路的通断情况			
7	交付验收	布线完成后，请客户验收布线工程，对客户提出的问题，及时给予答复并加以完善			
8	工作总结	根据自己在客厅线路安装任务中的表现，总结经验和不足，撰写工作报告并加以展示			

教师审核意见：

教师（签名）：＿＿＿＿＿＿＿＿　　制订计划人（签名）：＿＿＿＿＿＿＿＿

年　　月　　日

二、勘察施工现场，绘制施工图

1. 仔细勘察客户家的客厅，记录客厅内目前有哪些家用电器，其线路敷设方式是什么，电线是什么材料。

(1) 客厅内目前的家用电器有＿＿＿。

（2）客厅内的线路敷设方式为________________________________，导线线芯材料是______________________________。

（3）客厅内目前的插座个数为__________。

2. 采用角色扮演的方式咨询客户（指导教师扮演客户，学生扮演工程施工人员），目前电路存在的问题以及改造要求。

（1）目前电路存在的问题是：____。

（2）准备如何改造：____。

3. 与客户沟通，取得已设计好的客厅电气布线示意图。

（1）初次装修时，客厅中只有电视机、电风扇和电灯等少量家用电器，电气布线较为简单。为了满足提高生活水平的需要，客厅中增加了空调、饮水机等家用电器，改动主要集中在电视墙和沙发墙上，如图 3—1—1 所示。

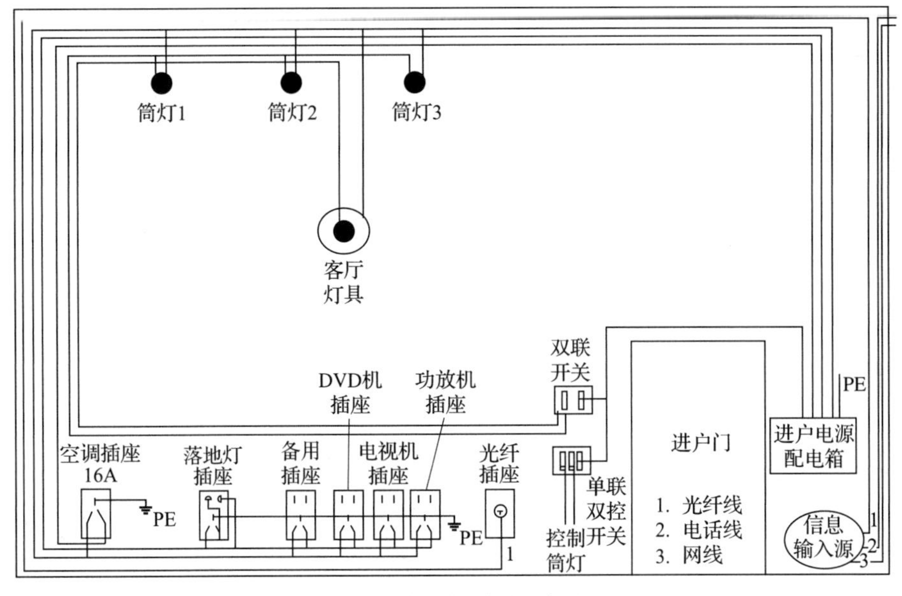

a）电视墙综合布线示意图

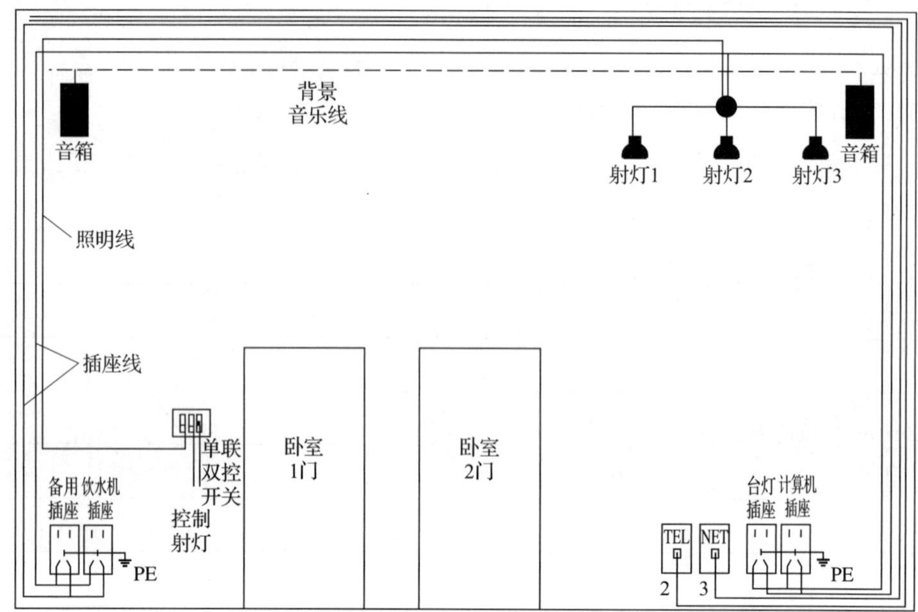

b）沙发墙综合布线示意图

图 3—1—1

（2）查阅相关资料，说明在进行线路改造时应注意哪些事项。

4. 与客户进行沟通，了解客厅电气布线示意图中新增加的家用电器，并根据所学专业知识给出建议。

（1）仔细观察图 3—1—2 所示客厅装修效果图，结合生活实际，想一想客厅中有哪些常用的家用电器，并记录下来。

图 3—1—2

（2）与客户沟通，确认客户希望客厅中增加哪些家用电器。小组讨论其中哪些家用电器是应该单独敷设导线的。

5. 绘制客厅平面草图。使用钢卷尺测量客厅的长度为________ m，宽度为________ m，楼层高________ m，进户电源配电箱距离地面高度为________ m，观察电话线、有线电视光纤、网线接口位置，画出客厅平面草图并做好标注。

6. 绘制客厅的建筑电气安装平面图。

（1）查阅相关资料，了解关于家庭强弱电线路、开关和插座安装的规定，明确客厅各开关、插座的安装位置以及暗线线管距离墙边或门框的距离和走向要求。

（2）建筑电气安装平面图是一种用图形符号来表示电气装置、设备和线路等在建筑物中的安装位置、连接关系及接线方法的简图，主要用于建筑电气设备的安装、维护和管理。试根据客户需求，在教师的指导下，结合已设计好的客厅电气布线示意图，以前面测绘的客厅平面草图为基础，绘制客厅的建筑电气安装平面图。

7. 施工现场有哪些原有线路、器件需要拆除？需要使用哪些施工工具？

评价与分析

根据每个小组成员在本活动学习过程中的表现情况填写《学习任务过程性考核记录表》。

学习活动 2　施工前准备

学习目标

1. 能正确识别导线材料的型号、规格，描述室内布线的方式、特点和应用场合，并能根据负载性质、容量正确选择导线。

2. 能正确识别各种线管的型号、规格，并能根据不同的应用场合选择合适的线管。

3. 能正确选择客厅布线需要的开关、插座的名称、型号、规格和数量。

4. 能制作水晶头，并正确进行网线、电话线和光纤线的连接。

5. 能正确使用兆欧表、网络测试仪等常用仪表进行测试。

6. 能通过上网查询或市场调查，了解各类材料和元器件的价格，并根据清单中的数量预算材料费用。

7. 能根据现场勘察结果和任务要求，制定客厅线路安装施工方案，并分组展示。

建议学时：32 学时。

学习过程

一、线管的选择

1. 常见的电工线管有普通碳素钢电线套管（电线管）、金属蛇皮管（镀锌蛇皮管、包塑金属蛇皮管、不锈钢蛇皮管)、PVC(PVC－U)塑料电线管(硬管)、PE 穿线管(成卷软管)、塑料波纹管(阻燃波纹管、线束套管、高密度波纹管、耐高温护套管等)、穿线瓷套管、玻璃纤维编织绝缘套管等。查阅相关资料，将它们进行分类，并填入表 3—2—1 中。

表 **3—2—1**

序号	分类	线管类型
1	塑料管类	
2	陶瓷管类	
3	金属管类	

2. 比较塑料管类、陶瓷管类、金属管类线管的优缺点，通过网络查阅“500 V 铜芯绝缘导线长期连续负荷允许载流量表”，结合本任务的施工要求选择合适的线管和数量，并简述理由。

3. PVC 线管安装过程中常会涉及 PVC 线管的切断、弯制和连接，查阅相关资料，了解切断、弯制和连接 PVC 线管的操作方法和注意事项，回答下列问题，并进行分组练习。

(1) PVC 线管的切断

1) 配管前应根据管子每段所需的长度进行切断。想一想，在进行 PVC 线管的切断时会使用什么工具。

2）利用钢锯、专用剪管刀切断 PVC 线管的具体操作方法是怎样的？有哪些注意事项？（提示：弯曲半径要求）

3）运用所学方法，进行 PVC 线管的切断练习，并将练习结果记录在表 3—2—2 中。观察你所切的 PVC 线管的切口是否垂直，切口的毛刺是否清理干净，并分析原因。

表 3—2—2

组员姓名	选用工具	PVC 线管型号	次数	切口是否垂直，切口的毛刺是否清理干净

（2）PVC 线管的弯制

1）进行电气布线时，在某些特殊的地方（如拐角处）需要 PVC 线管呈现不同的形状，这时就需要将直的 PVC 线管弯制成所需的角度。PVC 线管的柔韧性很好，在常温下即可用弯管器来直接弯曲，试述用弯管器弯制 PVC 线管的方法和注意事项。

2）运用所学方法，进行 PVC 线管的弯制练习，并将练习结果记录在表 3—2—3 中。观察你所弯制的 PVC 线管的角度是否符合要求，并分析原因。

表 **3—2—3**

组员姓名	**PVC** 线管型号	次数	是否符合弯制的角度	
			符合次数	不符合次数

（3）PVC 线管的连接

1）常见 PVC 线管的连接件有壁疏、三通、直通、弯头、管箍、活接头和开关面板底盒等。查阅相关资料，指出图 3—2—1 中有哪些 PVC 线管的连接件，并简述它们分别用在什么地方。

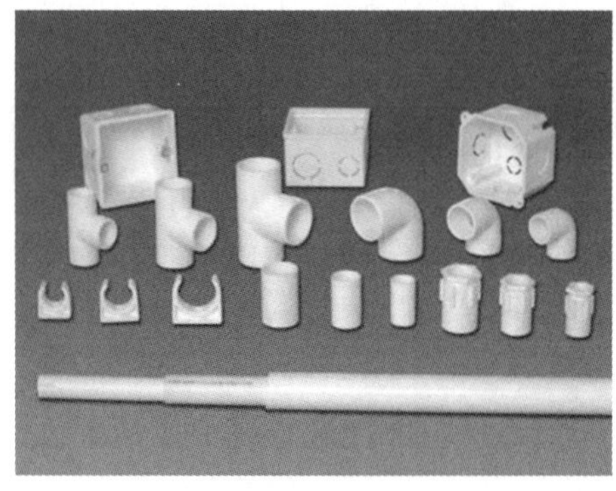

图 3—2—1

2）每根 PVC 线管都有固定的长度，测量施工用 PVC 线管的长度是________ m，本任务客厅开关到灯具的长度是________ m。显然，一根 PVC 线管的长度是不够的，这时就需要进行 PVC 线管的连接。查阅相关资料，简述 PVC 线管的连接步骤与注意事项。

（4）PVC 线管的穿线

管道敷设完毕，应将导线穿入管道。如管道较长、转弯较多或者管径较小，则需用引线器引线穿管。查阅相关资料，简述引线器的使用方法和注意事项。

二、弱电线缆的选择

1. 弱电线缆是指用于安防通信、电气设备及相关弱电传输等的电缆。结合本任务学习

3-2-6 电气布线

活动 1 绘制的客厅建筑电气安装平面图，小组内讨论本任务客厅电气布线中有哪些地方要用到弱电线缆。

2. 查阅相关资料，说明弱电线缆的特点以及安装时需考虑的主要问题。

3. 查阅相关资料，补齐表 3—2—4 中常见弱电线缆的用途和使用注意事项。

表 **3—2—4**

序号	名称	图示	分类	用途和使用注意事项
1	网线		同轴电缆	
			双绞线	
			光缆	
2	电话线		两芯	
			四芯	

续表

序号	名称	图示	分类	用途和使用注意事项
3	音频线		音频电信号缆	
			音频光信号缆	
4	VGA 线		一公一母	
			两公	
			两母	

4. 查阅相关资料，明确客厅敷设弱电线缆的一般规格要求：背景音乐线用标准________ mm^2线，环绕音响线用________线，视频线用________线，网线用________线，有线电视线用________线。

5. 通过小组讨论，确定本任务所用弱电线缆的名称、规格与型号以及在本任务中的用途，并填写在表 3—2—5 中。

表 **3—2—5**

序号	图示	名称	规格与型号	用途
1				
2				

续表

序号	图示	名称	规格与型号	用途
3	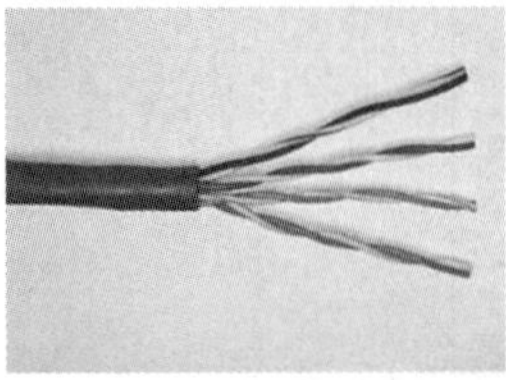			
4				

6. 水晶头是网络连接中重要的接口设备，是一种能沿固定方向插入并自动防止脱落的塑料接头，主要用于连接网卡端口、集线器、交换机、电话等。查阅相关资料，回答下列问题。

（1）制作水晶头需要用到哪些工具和仪器？

（2）水晶头的种类有哪些？常用的接线标准是什么？

(3) 简述制作水晶头的方法步骤及注意事项。

(4) 练习制作水晶头，并将练习结果记录在表 3—2—6 中。

表 **3—2—6**

组员姓名	水晶头种类	次数	是否合格	
			合格次数	不合格次数

7. 进行网线、电话线和光纤线的连接时，应注意哪些问题?

三、导线的选择

1．认识不同的导线

（1）导线的种类繁多，分类方法也很多，查阅相关资料，简述导线按照材质、防火要求、线芯、温度、颜色、电压的不同，各分为哪几种类型。

（2）阅读表3—2—7所列常见导电材料的相关性能，说明哪种材料的导电能力最强，哪种材料的性价比较高。本任务要将铝芯导线换成铜芯导线的原因是什么？

表3—2—7

材料	电阻率（Ω·m）	密度（$kg\cdot m^{-3}$）	机械强度	抗氧化与腐蚀性	焊接性与延展性	资源与价格
铜	1.274×10^{-8}	黄铜：8.5×10^{3} 纯铜：8.9×10^{3}	比铝好	好	好	丰富，价格较高
铝	2.864×10^{-8}	2.7×10^{3}	比铜稍差	比铜稍差	焊接工艺复杂，质硬，可塑性差	丰富，价格低廉
铁	10.0×10^{-8}	7.8×10^{3}	最好	差	好	丰富，价格比铝低

（3）绝缘电线电缆的结构差异很大，但从其共性来看主要由导电线芯、绝缘层和护层（护套）组成，如图 3—2—2a 所示。为了满足某些特殊要求，有的电线电缆还需要增加屏蔽层或填充料等。如图 3—2—2b 所示的屏蔽电线，其加有编织屏蔽层和铝箔屏蔽层。结合所学知识，标出图 3—2—2 所示电线电缆各组成部分的名称。

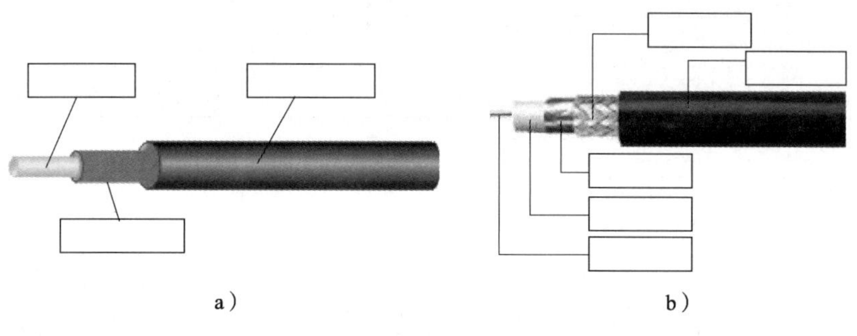

图 3—2—2

（4）查阅相关资料，结合图 3—2—3 说明绝缘电线电缆产品型号的编制方式，并补齐表 3—2—8 所列绝缘电线电缆产品型号中常用字母的含义。

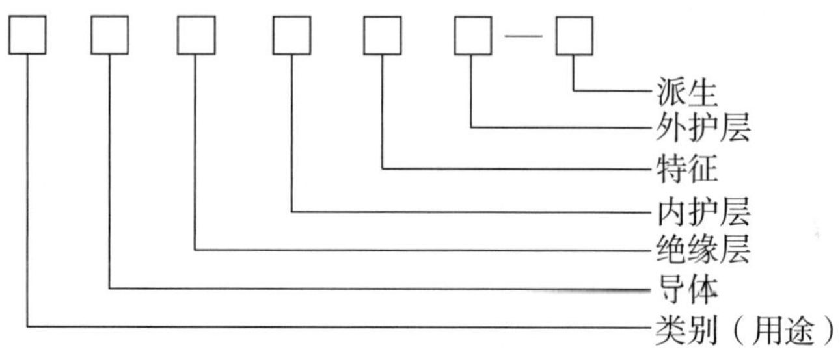

图 3—2—3

表 **3—2—8**

序号	字母	含义	序号	字母	含义
1	B	绝缘线	6	XF	
2	R		7	HF	
3	Y	移动线	8	V	聚氯乙烯塑料
4	J		9	VV	
5	X		10	105	耐热导线的最高工作温度为105℃

（5）查阅相关资料，了解常用绝缘导线的型号和主要用途，并补齐表3—2—9中的空白。

表 **3—2—9**

产品名称	结构与形状	型号		长期工作温度（℃）	主要用途
		铜芯	铝芯		
橡胶绝缘电线	单根硬芯线、橡胶绝缘层、棉纱编织层	BX	BLX	65	固定敷设于室内（明敷、暗敷或穿管），可用于室外，也可作为设备内部安装用线
氯丁橡胶绝缘电线				65	
橡胶绝缘软电线				65	
橡胶绝缘和护套电线				65	
聚氯乙烯绝缘电线				65	
聚氯乙烯绝缘软电线				65	
聚氯乙烯绝缘和护套电线				65	
耐热聚氯乙烯绝缘电线				105	
耐热聚氯乙烯绝缘软电线				105	

（6）在教师的指导下，根据客厅电气布线要求，选择本任务所需绝缘导线的型号，并说明理由。

2. 导线规格的选择

（1）查阅相关资料，明确客厅敷设导线的一般规格要求。

1）家庭照明电路中，相线（L）应用________颜色，零线（N）应用________颜色，接地保护线（PE）应用________颜色。

2）关于电源线，根据国家标准的规定，单个电气支线、开关线应用标准__________ mm^2 线，主线应用标准__________ mm^2 线，空调插座应用____________ mm^2 线。

（2）根据家用电器的数量与功率计算，确定导线的规格。

1）与客户沟通，确定家用电器的选择情况，并填入表 3—2—10 中。

表 3—2—10

序号	名称	品牌	型号和规格	额定功率
1	客厅电视机			
2	DVD 机			
3	功放机			
4	客厅空调			
5	落地装饰灯			
6	台式计算机			
7	台灯			
8	饮水机			
9	电话机			

2）电压损失是指电路中阻抗元件两端电压的数值差。电流通过导体时，由于线路上有电阻和电抗存在，除产生电能损耗外，还会产生电压损失。当电压损失超过一定的数值后，将使用电设备端子上的电压不足，严重地影响用电设备的正常运行。因此，选择导线截面时，应充分考虑线路的允许电压损失。查阅相关资料，回答下列问题。

①选择电线、电缆截面积和安装方式，应考虑电压损失不超过__________。

②对于住宅用户，由变压器低压侧至线路末端，电压损失应小于__________。

③电动机正常工作情况下，其端电压与额定电压不得相差__________。

3）电线电缆的允许载流量是指在不超过它们最高工作温度的条件下，允许长期通过的最大电流值，又称为安全载流量。其与导线标称截面积的关系见表 3—2—11。根据所学知识，结合此表回答下列问题。

表 3—2—11

标称截面积（mm^2）	长期连续负荷允许载流量（A）			
	一芯		两芯	
	铜芯	铝芯	铜芯	铝芯
0.3	9	—	7	—
0.4	11	—	8.5	—
0.5	12.5	—	9.5	—
0.75	16	—	12.5	—
1.0	19	—	15	—
1.5	24	—	19	—
2.0	28	—	22	—
2.5	32	25	26	20
4	42	34	36	26
6	55	43	47	33
10	75	59	65	51

①每台计算机耗电 200～300 W（额定电流为 1～1.5 A），那么 10 台计算机就需要一条________ mm^2 的铜芯电线供电，否则可能发生火灾。

②家用大三匹空调耗电约 3 000 W（额定电流为 14 A），那么 1 台空调就需要单独的一条________ mm^2 的铜芯电线供电。

4）通过小组讨论，确定本任务客厅敷设线路所用到的导线，并将其名称、规格与型号以及用途填写在表 3—2—12 中。

表 3—2—12

序号	图示	名称	规格与型号	用途
1				

续表

序号	图示	名称	规格与型号	用途
2				
3				
4				

5）布线施工时，在进行导线敷设前，常需要测量所领用导线的横截面积是否满足任务要求，此时最常用的测量工具就是游标卡尺，如图 3—2—4 所示。查阅相关资料，回答下列问题。

图 3—2—4

①游标卡尺的使用注意事项有哪些?

②简述游标卡尺的读数方法。

③简述单股导线和多股绞线截面积的计算方法。

④用游标卡尺测量准备好的单股及 7 股铜芯导线的直径，并计算出导线截面积，将结果填入表 3—2—13 中。

表 **3—2—13**

导线名称	型号与规格	测量的直径（mm）	导线截面积（mm^2）

四、导线敷设方式的选择

1．住宅的布线方式有瓷（塑料）夹板布线，线槽布线，塑料护套线布线，塑料管（或可挠管）、钢管明敷或暗敷等，查阅相关资料，说明每种布线方式的特点和使用场合。

2. 常见布线方式的周围环境特性和适用场合见表3—2—14。结合现场勘察结果，通过小组讨论，确定本任务客厅线路安装采用哪种布线方式最好，并说明理由。

表3—2—14

布线方式	周围环境特性						适用场合
	干燥	潮湿	腐蚀	易爆	易燃	多尘	
瓷瓶布线	√	√	√		√	√	适用于用电量较大、线路较长的场所
瓷（塑料）夹板布线	√						适用于用电量小的场所
塑料护套线布线	√	√				√	适用于用电量小的场所，一般用铝卡片、塑料卡钉固定
塑料线槽布线	√		√			√	适用于用电量小的场所，较为整齐美观，比配管布线经济
SIFLA扁电线布线、NYM护套线布线	√	√	√			√	适用于用电量小的场所，用水泥钉固定，可在灰沙层敷设
PVC管暗敷	√	√	√		√	√	适用于用电量较大的场所，布线方便、美观，比钢管布线经济
钢管明敷	√	√	√	√	√	√	适用于用电量较大且易碰撞线路的场所
钢索布线	√	√				√	适用于厂房较高、要求提高照度的场所，便于布置灯具
电缆布线	√	√	√	√	√	√	适用于用电量较大的电气设备的连接

续表

布线方式	周围环境特性						适用场合
	干燥	潮湿	腐蚀	易爆	易燃	多尘	
铅包电缆布线	√	√	√			√	适用于用电量小的场所，如人防工程、地下室和室外露天场所
专用塑料线槽布线	√					√	专门用于高层建筑、大楼的敷线

3．结合选择的导线敷设方式，根据所学知识讨论确定本任务客厅线路安装所需线管的材料、规格与型号。

五、客厅开关、插座的选择

1．认识插座。电源插座是为家用电器提供电源接口的电气设备，也是住宅电气设计中使用较多的电气元件。

（1）查阅相关资料，简述生活中常见的插座类型有哪些。

（2）观察图 3—2—5 所示带开关的插座接线实物图，画出其电路图。

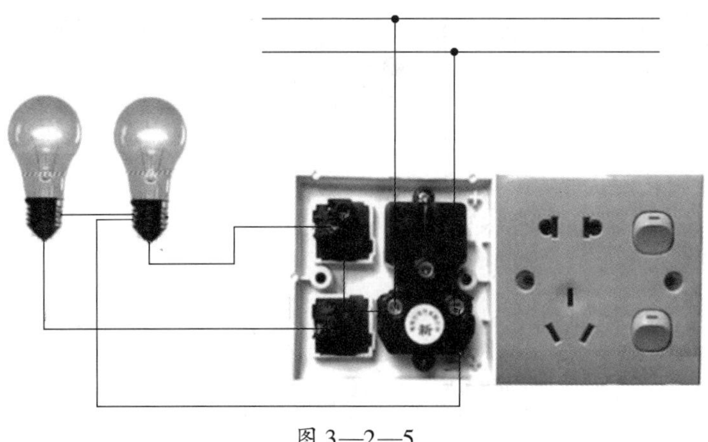

图 3—2—5

（3）在图 3—2—6 所示带开关的插座接线实物图中标注出火线、零线和地线。

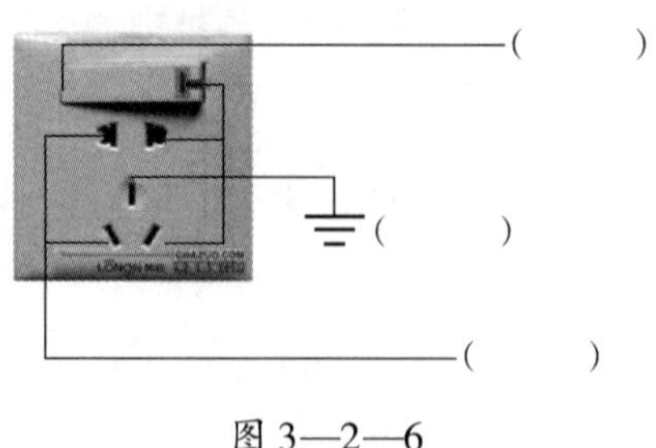

图 3—2—6

2. 查阅相关资料，明确导线、开关和插座的安装工艺要求，并回答下列问题。

（1）强电导线与弱电导线________安装在同一个线槽内。

（2）安装开关时，开关距地面的高度为________ m，与门框的距离为________ cm。

（3）安装电源插座时，电源插座距地面的高度为________ m，间距不超过________ m，距门道不超过________ m。

3. 根据如图 3—2—7 所示本任务的客厅电气布线示意图和家庭装修布线规范，正确选择客厅布线需要的开关和插座的名称、型号与规格、数量，并记录在表 3—2—15 中。

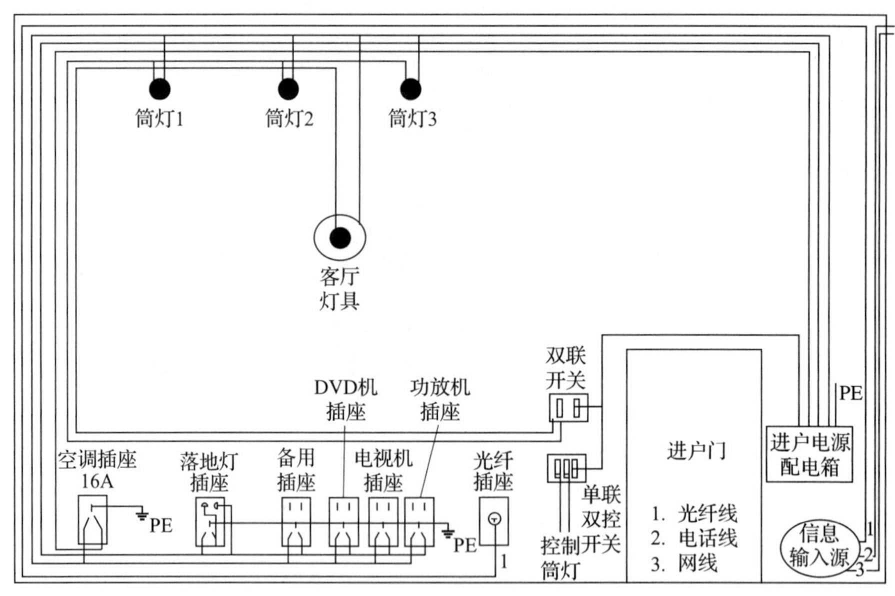

a）电视墙综合布线示意图

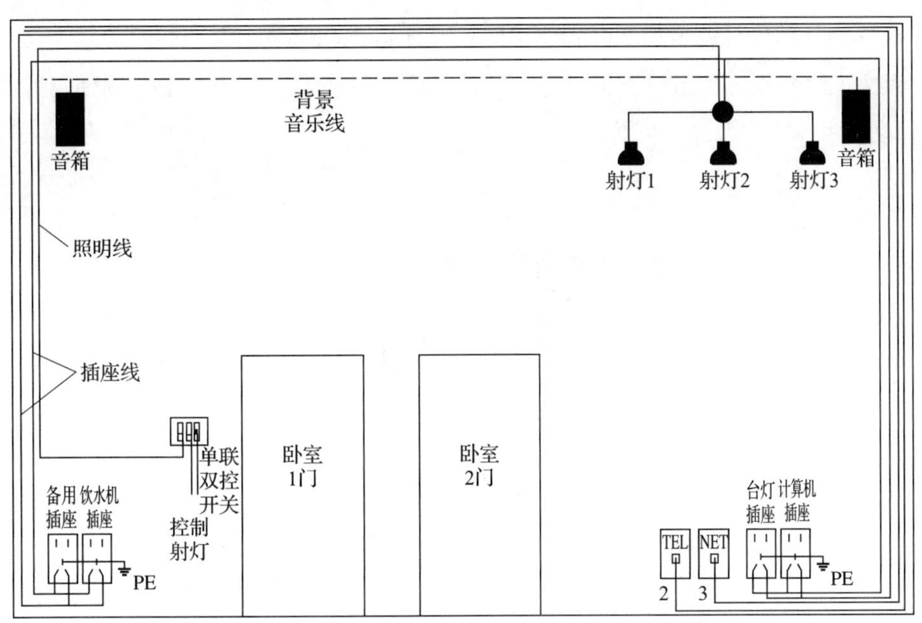

b）沙发墙综合布线示意图

图 3—2—7

表 3—2—15

序号	开关或插座名称	型号与规格	数量
1			
2			
3			
4			
5			
6			
7			
8			
9			
10			

六、仪表准备

1. 兆欧表

（1）兆欧表是电工常用的一种测量仪表，如图 3—2—8 所示，主要用来检查电气设备、家用电器或电气线路对地及相间的绝缘电阻，以保证这些设备、电器和线路处于正常工作状态，避免发生触电伤亡及设备损坏等事故。查阅相关资料，简述兆欧表的使用方法及使用注意事项。

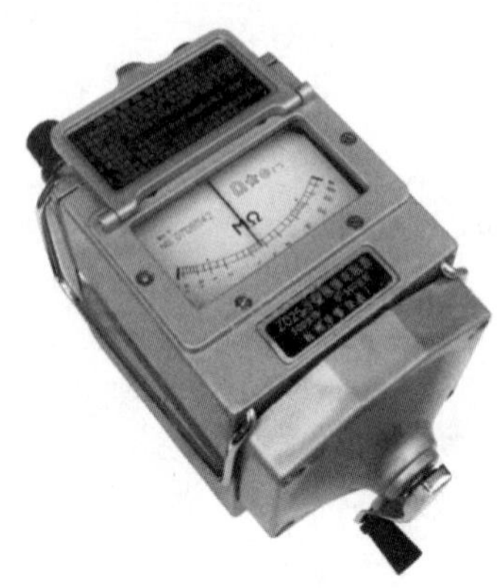

图 3—2—8

（2）在教师的指导下，以小组为单位用兆欧表测量表 3—2—16 所列的各测量对象，并做好记录。

表 **3—2—16**

序号	测量对象	测量要点	测量值
1	线路间绝缘电阻的测量	测量前应使电路断电，将被测线路分别接在线路端钮“L”和地线端钮“E”上，用左手稳住兆欧表，右手摇动手柄，速度由慢逐渐加快，并保持 120 r/min 左右，持续 1 min，然后读出表头所显示的数值	
2	线路对地间绝缘电阻的测量	测量前应使电路断电，将被测线路接在兆欧表的“L”端钮上，兆欧表的“E”端钮与地线相连接，测量方法同上	

续表

序号	测量对象	测量要点	测量值
3	电缆缆芯对缆壳间绝缘电阻的测量	在电缆断电后，将电缆缆芯与兆欧表的“L”端钮连接，缆壳与兆欧表的“E”端钮连接，将缆芯与缆壳间的内层绝缘物接在兆欧表的屏蔽钮“G”上，以消除因表面漏电而引起的测量误差	

小资料

兆欧表使用注意事项

◆ 测量绝缘电阻必须在被测电气设备和线路停电状态下进行，对含有大电容的电气设备，测量前应先进行放电，测量后也应及时放电，放电时间不得少于 2 min，以保证人身安全。

◆ 兆欧表与被测电气设备之间的连线不能用双股绝缘线或绞线，应用单股绝缘线分别单独连接，以避免线间电阻引起的误差。

◆ 摇动手柄时，应由慢渐快至额定转速 120 r/min，在此过程中，若发现指针指零，说明被测绝缘物发生短路事故，应立即停止摇动手柄，避免表内线圈因发热而损坏。

◆ 测量大电容电气设备的绝缘电阻，读数后不能立即停止摇动兆欧表，以防止已充电的电气设备放电而损坏兆欧表，应读数后一边降低手柄转速，一边拆去接地线。在兆欧表停止转动和被测物充分放电之前，不能用手触及被测电气设备的导电部分。

◆ 测量电气设备的绝缘电阻时，应记下测量时的温度、湿度以及被测电气设备的状况等，便于分析测量结果。

2．网络测试仪

（1）网络测试仪通常也称为网络检测仪，是一种可以检测 OSI 模型定义的物理层、数据链路层、网络层运行状况的便携、可视的智能检测设备，主要适用于局域网故障检测、维护和综合布线施工中。如图 3—2—9 所示为 ST－45 型网络测试仪，查阅相关资料，简述该网络测试仪由哪两大部分组成。其主要用于测试哪些接口的网线？

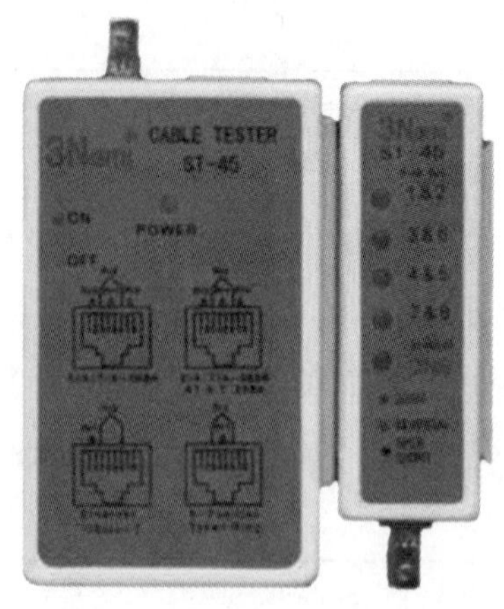

图 3—2—9

（2）查阅相关资料，简述用网络测试仪测试直通连线和交错线连线的方法，并补齐表 3—2—17 中的空白。

表 **3—2—17**

<table>
<tr><th>序号</th><th>测试部位</th><th>连通现象</th><th>故障现象</th></tr>
<tr><td>1</td><td>直通连线的测试</td><td>测试直通连线时，主测试端的指示灯应从 1 到 8 逐个顺序闪亮，远程测试端的指示灯应按______________的顺序逐个闪亮</td><td rowspan="2">若网线两端的线序不正确，主测试端的指示灯仍然从 1 到 8 逐个顺序闪亮，只是远程测试端的指示灯按与主测试端连通的线号的顺序逐个闪亮</td></tr>
<tr><td>2</td><td>交错线连线的测试</td><td>测试交错线连线时，主测试端的指示灯应从 1 到 8 逐个顺序闪亮，远程测试端的指示灯应按______________的顺序逐个闪亮</td></tr>
</table>

（3）在教师的指导下，以小组为单位练习测试网线的通断情况，并在表 3—2—18 中做好记录。

表 **3—2—18**

网线状态	现象	数量	合格率
短路	当有两根导线短路时，主测试端的指示灯仍然从 1 到 8 逐个顺序闪亮，而远程测试端两根短路线所对应的指示灯将被同时点亮，其他指示灯仍按正常的顺序逐个闪亮		
	当有三根或三根以上的导线短路时，主测试端的指示灯仍然从 1 到 8 逐个顺序闪亮，而远程测试端的所有短路线对应的指示灯都不亮		
断路	当有 1 ~6 根导线断路时，主测试端和远程测试端对应线号的指示灯都不亮，其他指示灯仍然可以逐个闪亮		
	当有 7 根或 8 根导线断路时，主测试端和远程测试端的指示灯全都不亮		
正常	见表 3—2—17		

七、元器件和材料成本的预算

根据以上分析，汇总本任务所需元器件和材料的型号与规格，列出元器件和材料清单（见表 3—2—19），并通过上网查询或市场调查，了解各类元器件与材料的价格，预算本任务所需材料的费用。

表 **3—2—19**

任务名称				指导教师	
元器件或材料名称	型号与规格	数量	单位	单价（元）	总价（元）
五孔插座			个		
空调插座			个		
带开关的三孔插座			个		
网线插座			个		
电话线插座			个		
电视光纤插座			个		
双联开关			个		
单联双控开关			个		
电源线（空调）			m		
电源线（照明）			m		

续表

元器件或材料名称	型号与规格	数量	单位	单价（元）	总价（元）
电源线（开关）			m		
双绞线（网络）			m		
音频线（背景音乐）			m		
PVC 线管			m		
接线盒			个		
塑料胀管			袋		
自攻螺钉			袋		
扎线带			袋		
绝缘胶布			卷		
材料费用总计					

八、确定最佳施工方案

1. 查阅相关资料，以小组为单位讨论确定本小组的客厅布线方案，然后向全班同学展示。指导教师和全班同学一起讨论，形成一个最佳的可实施的客厅布线方案，并填入表3—2—20 中。

表 3—2—20

客厅布线方案（小组）			最佳客厅布线方案（全班）		
序号	施工步骤	施工内容	序号	施工步骤	施工内容
1			1		
2			2		
3			3		
4			4		
5			5		
6			6		
7			7		
8			8		
9			9		
10			10		

2. 以最佳客厅布线方案为依据，制定本小组进行客厅布线的具体施工方案，并填入表3—2—21 中。

表 **3—2—21**

<table>
<tr><td>任务名称</td><td colspan="2"></td><td>任务起止日期</td><td></td><td>方案制定日期</td><td colspan="2"></td></tr>
<tr><td>序号</td><td>施工步骤</td><td colspan="3">具体工作内容</td><td>所需资料、材料及工具</td><td>负责人</td><td>参与人员</td></tr>
<tr><td>1</td><td></td><td colspan="3"></td><td></td><td></td><td></td></tr>
<tr><td>2</td><td></td><td colspan="3"></td><td></td><td></td><td></td></tr>
<tr><td>3</td><td></td><td colspan="3"></td><td></td><td></td><td></td></tr>
<tr><td>4</td><td></td><td colspan="3"></td><td></td><td></td><td></td></tr>
<tr><td>5</td><td></td><td colspan="3"></td><td></td><td></td><td></td></tr>
<tr><td>6</td><td></td><td colspan="3"></td><td></td><td></td><td></td></tr>
<tr><td>7</td><td></td><td colspan="3"></td><td></td><td></td><td></td></tr>
<tr><td>8</td><td></td><td colspan="3"></td><td></td><td></td><td></td></tr>
</table>

教师审核意见：

教师（签名）：______________

年　　月　　日

评价与分析

根据每个小组成员在本活动学习过程中的表现情况填写《学习任务过程性考核记录表》。

学习活动3　现场施工与交付验收

学习目标

1. 能按照作业规程应用必要的安全标志和隔离设施，准备现场工作环境。

2. 能正确填写工具与材料清单，并能按仓库管理要求以小组为单位领料。

3. 能正确使用电工工具，按照相关布线工艺要求进行客厅电气线路的改装，并实现相关功能。

4. 能使用万用表、网络测试仪和兆欧表等仪表进行客厅电气线路的通电测试。

5. 能按照电工作业规程和生产现场管理6S标准，在作业完毕后清点、整理工具，收集剩余材料，归置物品，清理工程垃圾，拆除防护设施。

6. 能为客户讲解客厅电气线路的使用、维护和保养知识，并交付验收。

建议学时：14学时。

学习过程

一、现场施工准备

1. 在施工开始前，本任务应在哪些位置摆放安全标志？将所摆放的安全标志抄绘下来。

2. 在施工时应设置哪些安全防护隔离设施?

二、填写客厅线路安装所需工具与材料清单并领料

填写客厅线路安装所需工具与材料清单（见表 3—3—1），经指导教师审批后，以小组为单位到物料领用处领取物料，并认真核对所领用物料的名称、规格与型号、数量。

表 **3—3—1**

序号	工具或材料名称	规格与型号	单位	数量	备注
1	五孔插座				
2	空调插座				
3	带开关的三孔插座				
4	网线插座				
5	电话线插座				
6	电视光纤插座				
7	双联开关				
8	单联双控开关				
9	电源线（空调）				
10	电源线（照明）				
11	电源线（开关）				
12	双绞线（网络）				
13	音频线（背景音乐）				

续表

序号	工具或材料名称	规格与型号	单位	数量	备注
14	PVC 线管				
15	接线盒				
16	塑料胀管				
17	自攻螺钉				
18	扎线带				
19	绝缘胶布				
20	万用表				
21	网络测试仪				
22	兆欧表				
23	钢锯				
24	电钻				
25	钢锯条				
26	手榔头				
27	钢卷尺				
28	常用电工工具				

注：线管及接线盒、各类信息面板必须是阻燃型产品，外观不应有破损及变形。

三、客厅电气布线施工

1．拆除原有器件和线路

在拆除原有器件和线路时，需要使用哪些工具？应注意的事项有哪些？

2. 管路开槽

（1）管路开槽工作可委托泥工进行，但要注意：在泥工进场施工时，要和其进行充分的沟通。查阅相关资料，简述使用切割机开槽时有哪些注意事项。为什么使用切割机开槽后，还要用冲击钻打毛墙面？

（2）查阅相关资料，说明什么样的管路开槽才是规范的、符合要求的。

（3）如果管路开槽出现倾斜现象，应该如何处理？

3. 穿管布线

（1）如图 3—3—1 所示的穿管布线操作示意图中，哪些是规范的操作？哪些是不规范的操作？如果操作不规范会有什么影响？

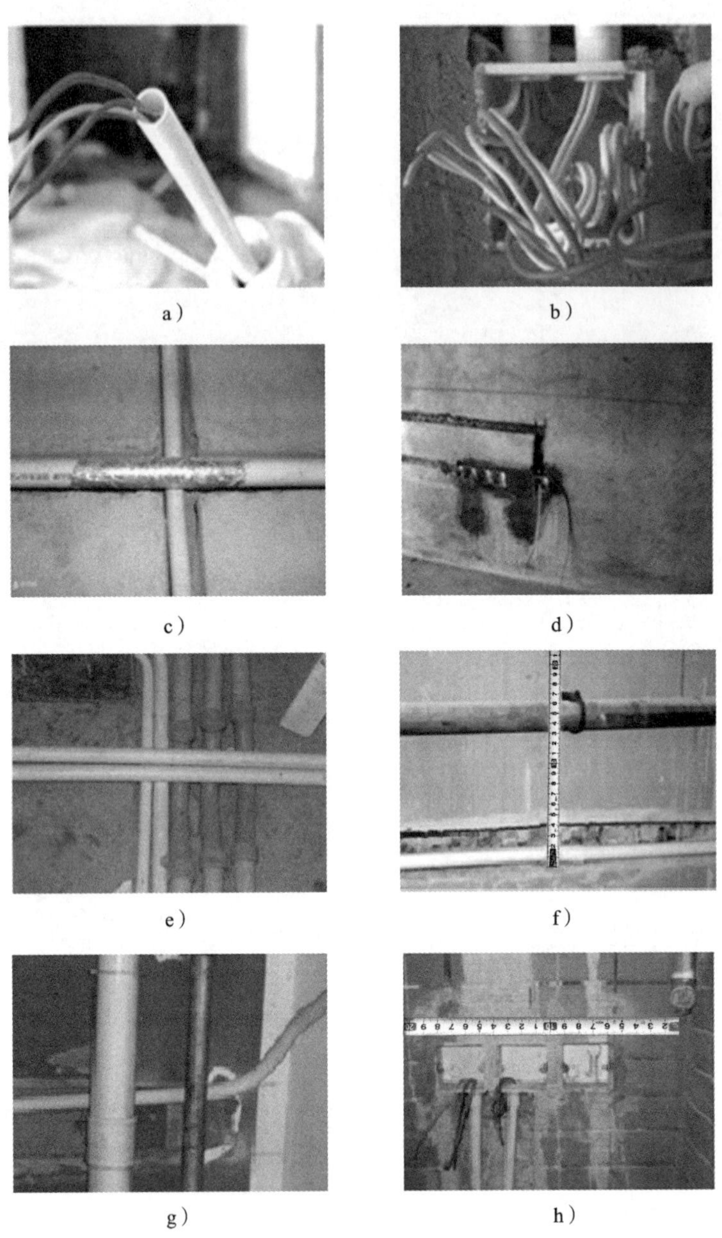

a） b）

c） d）

e） f）

g） h）

图 3—3—1

（2）电线穿在 PVC 线管中时，电线的总截面积不宜超过 PVC 线管截面积的________。而且一般配线时，火线宜用________，零线宜用________，接地保护线宜用__________。

（3）照明线路、插座线路以及不同回路、不同电压等级或交流、直流导线能否穿在同一线管内？为什么？

（4）对于地面上需要交叉的强弱电线管，若无法保持间距，应该怎么办？

（5）网线和电视光纤线能否穿在同一线管内？为什么？

4．开关和插座的安装

根据前面学习活动中绘制的客厅建筑电气安装平面图，按照安装工艺要求，完成客厅内开关和插座的安装，并将安装过程中遇到的问题和所采取的措施记录下来。

四、客厅电气线路测试

1．电源线的检测

（1）在测量前，应怎样检测兆欧表的好坏?

（2）利用兆欧表测量回路的对地电阻时，L 端与回路________连接，E 端连接________或__________；测量回路的绝缘电阻时，回路的首端与尾端分别与________、________连接；测量电缆的绝缘电阻时，为防止电缆表面泄漏电流对测量精度产生影响，应将电缆的屏蔽层接至__________端。

（3）利用兆欧表检测电源线，并将发现的问题记录下来。

2．网线的检测

使用网络测试仪测试网络的连通情况，若网线存在短路或断路情况，应如何处理?

3．通电测试

（1）客厅布线任务完成后，在灯具接口上安装照明灯具。合上电源总开关，分别利用双联开关和单联双控开关控制照明灯具的点亮和熄灭状态，验证照明电路的功能。在表 3—3—2 中记录下测试过程中发现的故障点，并进行检修。

表 **3—3—2**

序号	故障点描述	故障现象	检修方法	备注
1				
2				
3				
4				
5				
6				

（2）用验电笔检测各电源插座的安装是否正确，相线端验电笔灯亮，零线端验电笔灯灭。在表 3—3—3 中记录下测试过程中发现的故障点，并进行检修。

表 **3—3—3**

序号	故障点描述	故障现象	检修方法	备注
1				
2				
3				
4				
5				
6				

（3）分别用笔记本电脑、电话机和电视机验证网络信号、电话信号和电视信号是否正常。在表 3—3—4 中记录下测试过程中发现的故障点，并进行检修。

表 **3—3—4**

序号	故障点描述	故障现象	检修方法	备注
1				
2				
3				
4				
5				
6				

五、清理现场

施工完毕，若自检合格，应按照电工作业规程和生产现场管理 6S 标准，清点、整理工具，收集剩余材料，归置物品，清理工程垃圾，拆除防护设施。

六、客厅电气布线项目的交付验收

1. 如果采用电话联系的方式与客户预约客厅电气布线交付验收的时间，在打电话时应该注意哪些问题和礼仪。

2. 小组讨论并归纳总结出本任务客厅电气线路的使用、维护和保养注意事项，并为客户做讲解。

3. 客厅电气布线交付验收。

（1）按照表 3—3—5 所列客厅电气布线验收标准进行验收，并填写验收意见。

表 **3—3—5**

序号	验收项目	验收标准	客户意见	教师评分	权重（%）
1	原线路的拆除	原线路拆除时，没有损坏客户家中的建筑与家具等			5
2	开槽	槽宽比管的外径大 10 mm 左右，槽深不小于管外径加 15 mm，墙面水平开槽的长度不得大于 80 cm，以免破坏墙体结构安全			5
3	线管穿线	要求管路短、弯曲少、不外露，尽量做到不交叉，强弱电分开，电视光纤线、网线分开			20
4	线路连接	连接牢固，包扎严密，绝缘良好，不伤线芯，线管内无接头，接头放在器具或接线盒内			20

续表

序号	验收项目	验收标准	客户意见	教师评分	权重（%）
5	开关、插座的安装	开关、插座接线正确、美观；电源插座间距不大于 3 m，距门道不超过 1.5 m，距地面 30 cm；光纤线、电话线、网线等插座距地高度 30 cm；开关距地 1.2～1.4 m，距门框 0.15～0.2 m			10
6	通电运行	整个客厅电路通电运行正常，无冒烟、焦味等异常现象			20
7	成品保护	墙面整洁，线管应全部覆盖严实、平整，不允许有导线外露现象			20

（2）记录验收过程中存在的问题，小组讨论解决问题的方法，并填入表 3—3—6 中。

表 **3—3—6**

序号	验收中存在的问题	返修方法	完成时间	备注
1				
2				
3				
4				
5				

评价与分析

根据每个小组成员在本活动学习过程中的表现情况填写《学习任务过程性考核记录表》。

学习活动4　工作总结与评价

学习目标

1. 能按分组情况，派代表展示工作成果，说明本次任务的完成情况，并做分析总结。

2. 能结合任务完成情况，正确规范地撰写工作总结（心得体会）。

3. 能就本次任务中出现的问题提出改进措施。

4. 能对学习与工作进行反思总结，并能与他人开展良好合作，进行有效沟通。

建议学时：4学时。

学习过程

一、个人、小组评价

以小组为单位，选择演示文稿、展板、海报、视频等形式中的一种或几种，向全班展示、汇报制作成果。在展示的过程中，以小组为单位进行评价；评价完成后，根据其他小组成员对本组展示成果的评价意见进行归纳总结。

二、教师评价

认真听取教师对本小组展示成果优缺点以及在任务完成过程中出现的亮点和不足的评价意见，并做好记录。

1．教师对本小组展示成果优点的点评。

2．教师对本小组展示成果缺点以及改进方法的点评。

3．教师对本小组在整个任务完成过程中出现的亮点和不足的点评。

三、工作过程回顾及总结

1．在团队学习过程中，项目负责人给你分配了哪些工作任务？你是如何完成的？还有哪些需要改进的地方？

2. 总结完成客厅电气布线任务过程中遇到的问题和困难，列举 2 ~ 3 点你认为比较值得和其他同学分享的工作经验。

3. 回顾本学习任务的工作过程，对新学专业知识和技能进行归纳和整理，写一篇字数不少于 800 字的工作总结。

工 作 总 结

评价与分析

按照客观、公正和公平原则，在教师的指导下按自我评价、小组评价和教师评价三种方式对自己或他人在本学习任务中的表现进行综合评价。综合等级按 A（90～100）、B（75～89）、C（60～74）、D（0～59）四个级别进行填写，见表 3—4—1。

表 3—4—1 学习任务综合评价表

考核项目	评价内容	配分（分）	评价分数		
			自我评价	小组评价	教师评价
职业素养	劳动保护用品穿戴完备，仪容仪表符合工作要求	5			
	安全意识、责任意识、服从意识强	6			
	积极参加教学活动，按时完成各项学习任务	6			
	团队合作意识强，善于与人交流和沟通	6			
	自觉遵守劳动纪律，尊敬师长，团结同学	6			
	爱护公物，节约材料，管理现场符合 6S 标准	6			
专业能力	专业知识扎实，有较强的自学能力	10			
	操作积极，训练刻苦，具有一定的动手能力	15			
	技能操作规范，注重安装工艺，工作效率高	10			
工作成果	线路安装符合工艺规范，线路功能满足要求	20			
	工作总结符合要求，线路安装质量高	10			
总分		100			
总评	自我评价 ×20% ＋小组评价 ×20% ＋教师评价 ×60% ＝	综合等级	教师（签名）：		

学习任务四　套房线路的安装

学习目标

1. 能根据套房线路安装工作联系单，明确工时、工作内容等要求，并制订工作计划。

2. 能根据施工图样勘察施工现场，并能根据电器功能和使用环境进行分路。

3. 能正确描述电能表的功能、读数方法和接线方法。

4. 能根据现场勘察结果和任务要求，上网查阅并下载电气施工的技术资料，确定套房的电气布局及施工方案。

5. 能根据任务要求和施工图样，列举所需工具和材料清单，准备工具，领取材料。

6. 能按照图样、工艺要求和安装规程要求完成套房线路的安装，并时刻注意安全用电和节约原材料。

7. 能用万用表、兆欧表等仪表检测套房线路，进行照明线路、插座线路的故障排除，并通电试运行。

8. 能按照电工作业规程和生产现场管理6S标准，在作业完毕后清点、整理工具，收集剩余材料，归置物品，清理工程垃圾，拆除防护设施。

9. 能为客户讲解套房线路的使用、维护和保养知识，并交付验收。

10. 能对套房线路的安装过程进行总结、评价和成果展示。

54学时

工作情境描述

某客户家的一套小公寓（一室、一厅、一厨、一卫，毛坯房）要进行电气布线，已画好施工图，施工图上明确标明了各家用电器的安装位置，工料预算 7 000 元，要求施工人员在一周时间内完成电气方面的施工，并交由项目负责人验收。

工作流程与活动

1. 明确工作任务，勘察施工现场（8 学时）
2. 施工前准备（12 学时）
3. 现场施工与交付验收（30 学时）
4. 工作总结与评价（4 学时）

学习活动1 明确工作任务，勘察施工现场

学习目标

1. 能正确填写套房线路安装工作联系单。

2. 能根据任务要求，查阅相关资料，明确具体工作内容和时间要求，并在教师的指导下进行分组。

3. 能根据组内成员特点，进行合理分工，并制订工作计划。

4. 能结合用户要求及施工图确定元件的安装位置，画出线路的走向、布线方法并确定整个电路分路情况。

5. 能根据施工图样进行现场勘察，准确描述现场特征。

建议学时：8 学时。

学习过程

一、明确工作任务，制订工作计划

1. 明确工作任务

阅读表 4—1—1 所示套房线路安装工作联系单，明确本任务的工作内容和时间要求等，并根据工作情境描述和实际情况将其补充完整。

表 **4—1—1**

No. ________________ ________年______月______日

<table>
<tr><td rowspan="3">申报
项目</td><td>楼房号</td><td></td><td>申报人</td><td></td><td>联系电话</td><td></td></tr>
<tr><td colspan="6">申报事项：某客户家的一套小公寓要进行电气布线，已画好施工图，施工图上明确标明了各家用电器的安装位置，工料预算 7 000 元，要求施工人员在一周时间内完成电气方面的施工</td></tr>
<tr><td>申报时间</td><td></td><td>要求完成时间</td><td></td><td>派单人</td><td></td></tr>
</table>

续表

<table>
<tr><td rowspan="4">安装项目</td><td>接单人</td><td></td><td>安装开始时间</td><td></td><td>安装完成时间</td><td></td></tr>
<tr><td colspan="6">所需工具与材料：</td></tr>
<tr><td>安装内容</td><td colspan="2"></td><td colspan="2">安装人员签名</td><td></td></tr>
<tr><td>安装结果</td><td colspan="2"></td><td colspan="2">班组长签名</td><td></td></tr>
<tr><td rowspan="2">验收项目</td><td colspan="6">安装人员工作态度是否端正：是□　否□
本次安装是否已解决问题：是□　否□
是否按时完成：是□　否□
客户评价：非常满意□　基本满意□　不满意□
客户意见或建议：</td></tr>
<tr><td colspan="2">客户签名</td><td colspan="4"></td></tr>
</table>

注：该工作联系单一式三份，要求安装人员、派单人、班组长签名后方可施工。

（1）查阅相关资料，收集 10 句与客户沟通时的文明礼貌用语。

（2）你在接受这项任务时，会向业主提出哪些有关施工安排的问题？（提示：如适宜施工的时间等）

2．分组并制订工作计划

（1）分组。

1）小组负责人：________________。

2）小组成员及分工。根据本团队成员特点，按每个人的专长安排工作岗位，明确每个人的主要职责，并记录在表 4—1—2 中。

表 **4—1—2**

团队名称			工程周期	
编号	姓名	岗位名称	主要职责	
1		小组组长	负责组织协调工作，解决工作中遇到的问题	
2		材料员	负责选择、领用布线所需材料，核对材料的型号、规格和性能参数，并进行材料成本预算	
3		绘图员	负责绘制线路草图、元器件位置图和布线施工时墙体上的弹线定位等	
4		布线员	负责墙体钻孔，线管安装，电线布线、接线，插座、开关等元器件安装等	
5		线路检测员	负责利用万用表和兆欧表等检测各线路有无短路、断路和漏电情况	
6		安检员	负责整个布线工作中的安全检查，并协助其他成员完成工作	
备注：人员分工时可根据团队成员数量灵活调整工作岗位，重要岗位可由几个人共同完成，团队成员既有分工又要合作				

（2）制订工作计划（见表 4—1—3）。

表 **4—1—3**

任务名称			任务起止日期			
序号	步骤	具体内容		计划完成日期	预计工时	实际完成日期
1	识读图样					
2	勘察现场					
3	确定施工方案					
4	现场施工准备					
5	实施安装					
6	通电测试					
7	交付验收					
8	工作总结					

教师审核意见：

教师（签名）：______________　　制订计划人（签名）：______________

年　　月　　日

二、阅读施工图样，明确任务要求

1. 根据图 4—1—1a 所示套房的建筑平面图，计算出该套房的面积。

2. 根据图 4—1—1b 所示套房的室内家居布置图，分别描述卧室、餐厅、客厅、厨房、卫生间等家居布置情况。

3. 根据图 4—1—1c 所示套房的室内电气布置图，查阅相关资料，说明该套房涉及哪几种插座，它们的数量各是多少，其敷线方式分别是怎样的。

4-1-6 电气布线

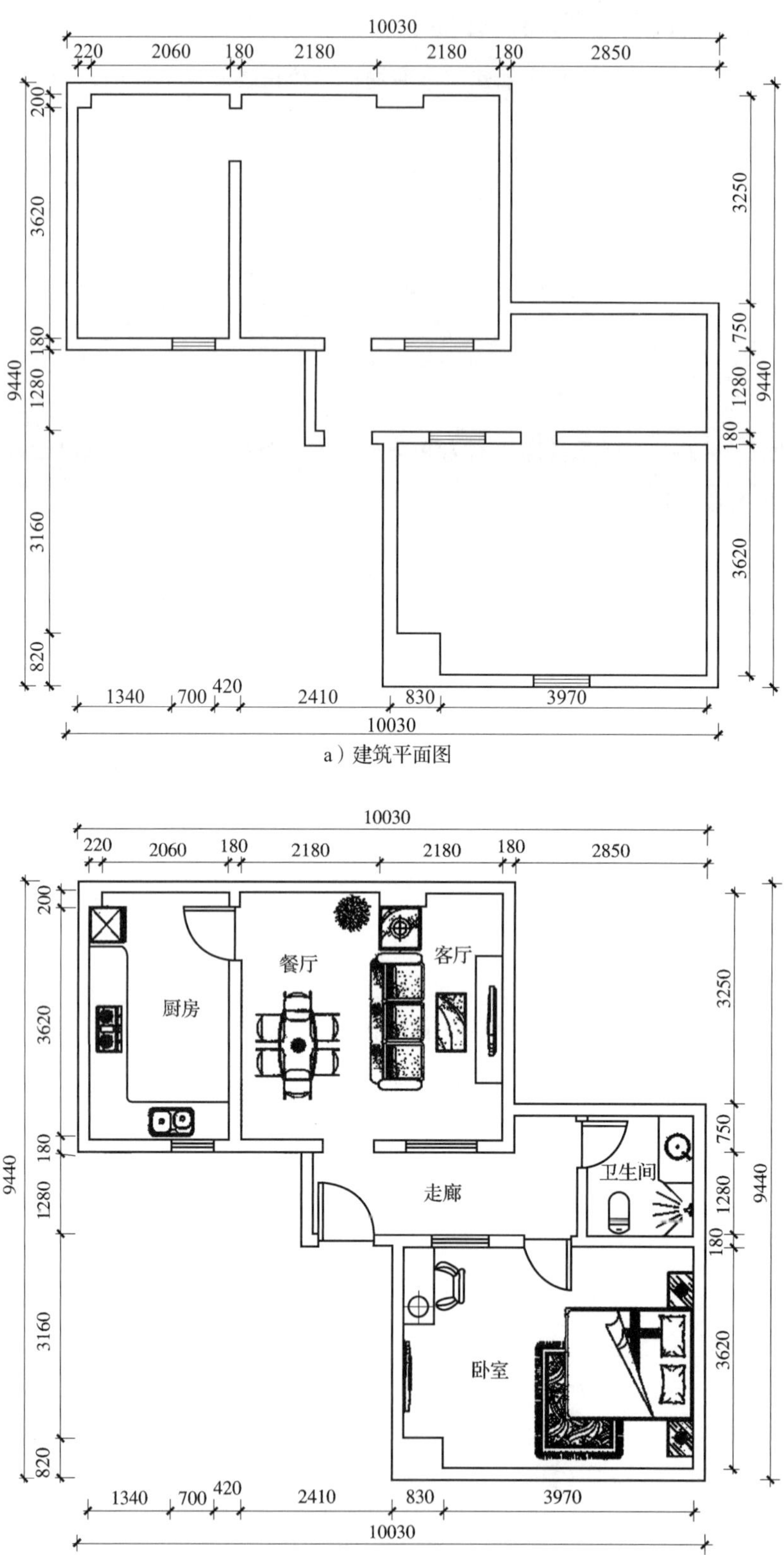

a）建筑平面图

b）室内家居布置图

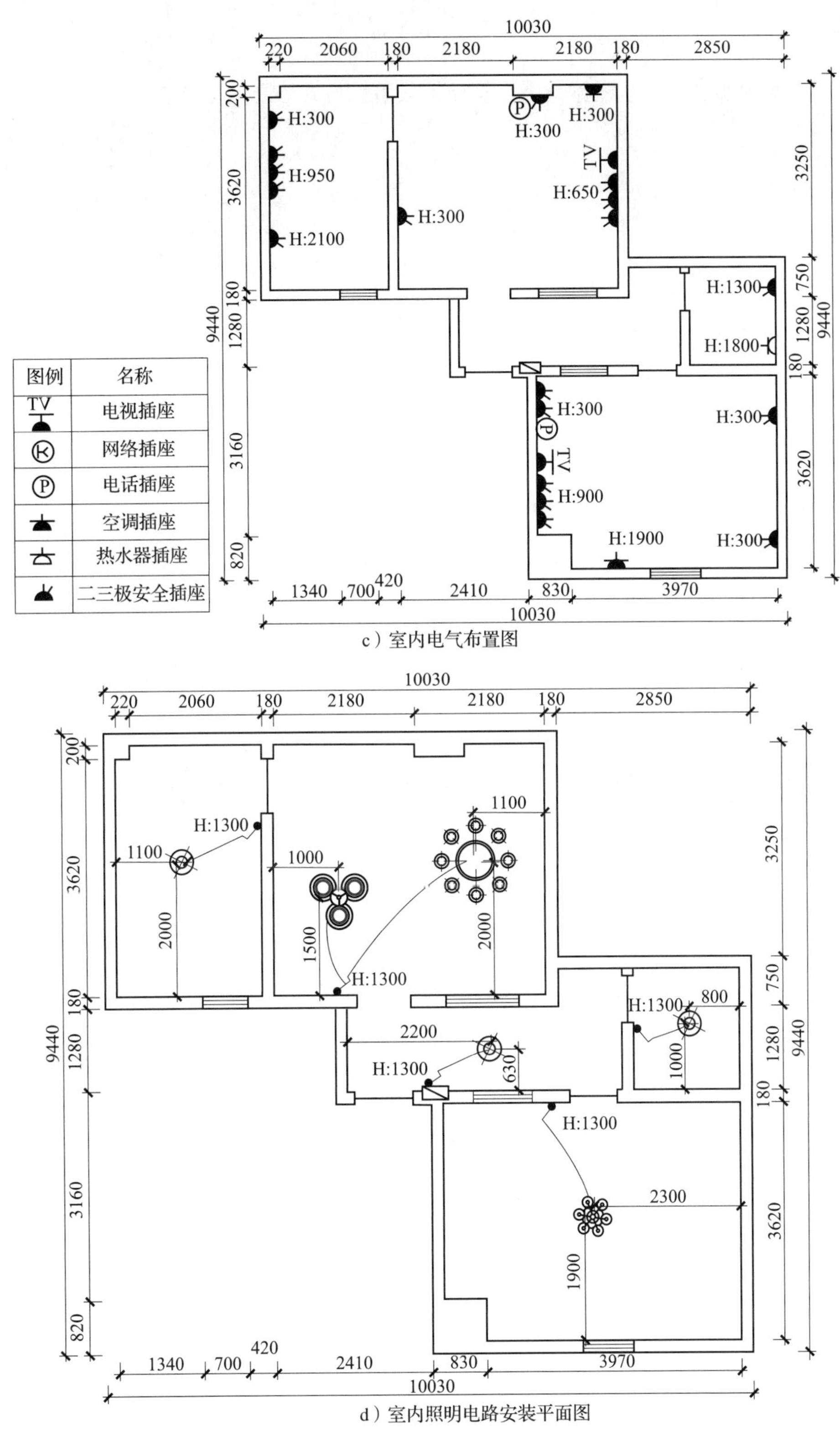

c）室内电气布置图

d）室内照明电路安装平面图

图 4—1—1

4．根据图 4—1—1d 所示套房的室内照明电路安装平面图，查阅相关资料，说明该套房有哪几种灯和开关，它们的数量各是多少，其敷线方式分别是怎样的。

5．统计该套房所涉及的电气元器件的名称、规格及型号、数量，填写在表 4—1—4 中。

表 **4—1—4**

安装部位	电气元器件名称	规格及型号	数量	备注
客厅、餐厅				
卧室				

续表

安装部位	电气元器件名称	规格及型号	数量	备注
厨房				
卫生间				

三、套房用电线路的分路

1. 查阅相关资料，画出配电箱的图形符号，并从施工图样中找出配电箱的位置。

2. 通常套房建好后，其电源引线已经引出，配电箱的位置也是固定好的，若客户要求更改位置，新选定的位置应满足什么要求?

3．结合所学知识和技能，查阅相关资料，回答下列问题。

（1）套房用电线路的分路中，关于每一单相回路最大电流值、每一分路用电设备数量和总容量有什么规定?

（2）从配电箱分路，一般____________一路、____________一路、____________一路、____________一路；空调根据匹数可单走一路或多路（多个空调）插座，中途并联（冰箱无须单走，它的用电量并不是太大）；厨房若安装电热水器，则电热水器可以单走一路。在分路控制的原则基础上再考虑节约。

4．根据施工图样，结合图 4—1—2 所示家庭照明用电线路图，分析本任务的分路情况，并将分析结果记录下来。

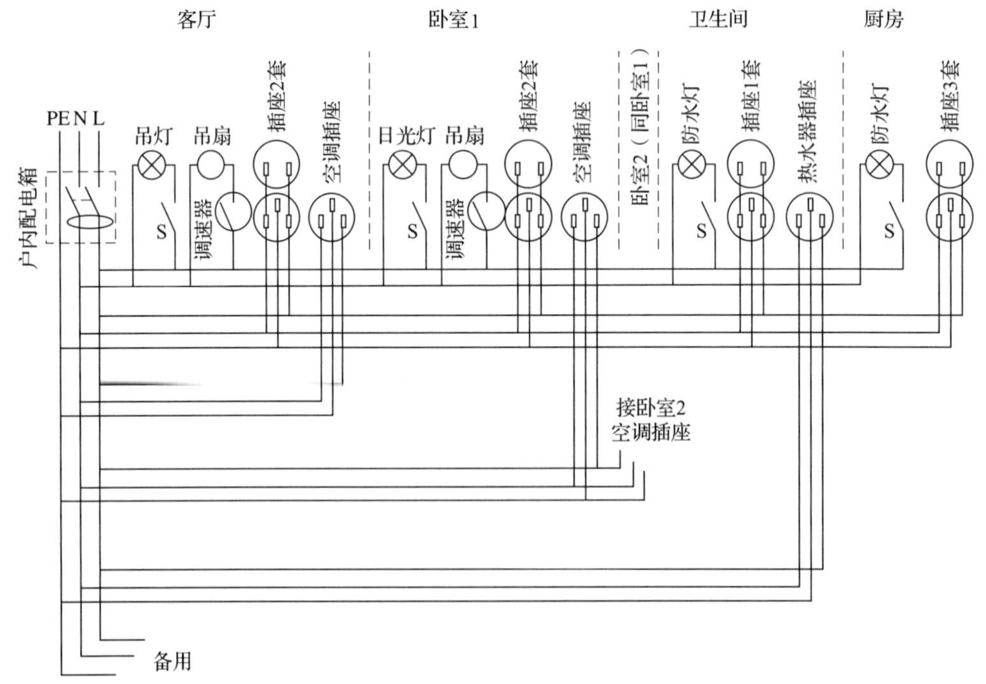

图 4—1—2

（1）该套房用电线路共有________路分路。

（2）分析本套房各分路下的设备或元器件情况，并记录在表 4—1—5 中。

表 **4—1—5**

序号	分路	设备或元器件情况	功能
1	照明用电分路		
2	插座用电分路		
3	厨房用电分路		
4	卫生间用电分路		
5	客厅空调用电分路		
6	卧室空调用电分路		
7			
8			

（3）备用分路的作用是什么？本套房备用分路下有设备或元器件吗？

四、勘察施工现场，描述现场特征

1．本任务施工图样中的哪些内容需要通过现场勘察来完善？

2．家居墙体构造常见的有框架结构、砌体结构或剪力墙，而地面结构有现浇或预制板等。本任务施工现场的墙体、地面结构如何？

3．现场有哪些管道？其与电线管有无交叉或并行？间距能否保证？

4．如在厨房的二三极安全插座下方遇到煤气管道，则二三极安全插座的电线管与煤气管的距离为多少才符合规范？根据施工安全要求，二三极安全插座的电线管走向怎样设计才是最佳的？

5．在勘察卫生间时，若发现电线管与热水管水平敷设，则电线管在热水管上面或下面的距离为多少才符合规定？若是交叉敷设，应怎样敷设才算符合规定？电线管走向该如何设计才最合理？

6. 在勘察卫生间时，若发现电吹风插座下面有排水管，则电线管走向该如何设计才最合理?

7. 通过勘察现场，发现施工图与现场有不符的地方（如在勘察客厅时发现施工图中设计师设计的电话线插座的安装位置在实体墙上）应做何处理? 能否直接更改图样? 为什么?

8. 将勘察施工现场时与客户、工作人员等就表 4—1—6 所列问题进行沟通后的结果记录下来。

表 4—1—6

序号	需沟通的问题	沟通结果
1	一般什么时间段适宜施工?	
2	施工过程中，对左邻右舍是否有影响? 如何解决?	

续表

序号	需沟通的问题	沟通结果
3	是否与其他工程同时施工？如何解决交叉施工问题？	
4	施工电源如何解决？	

9. 勘察配电箱、开关、插座、灯具的安装位置、安装方式及高度，记录在表 4—1—7 中，并与施工图进行核对，用彩色粉笔做好标记。

表 4—1—7

电气元器件名称		安装位置	安装方式	高度	备注
配电箱					
开关	一般标准				
	卧室床头				
插座	一般标准				
	空调				
	抽油烟机				
灯具	客厅				
	餐厅				
	卧室				
	厨房				
	卫生间				

评价与分析

根据每个小组成员在本活动学习过程中的表现情况填写《学习任务过程性考核记录表》。

学习活动2　施工前准备

学习目标

1. 能正确描述电能表的功能、读数方法和接线方法以及配电箱的主要组成。

2. 能根据预算要求进行安装前器材、元件的选购。

3. 能根据勘察结果和施工图样，列举所需工具和材料清单。

4. 能根据现场勘察结果和任务要求，上网查阅并下载电气施工的技术资料，确定套房的电气布局及施工方案。

建议学时：12学时。

学习过程

一、认识电能表和配电箱

1. 电能表

（1）电能表是用来测量电能的仪表，简称电表，又称电度表、火表、千瓦小时表，其外形如图4—2—1所示。目前，我国各省已陆续推出阶梯电价制度。以江西省为例，“一户一表”的居民用户，一档电量每月不超过150度，电价为0.59元/度；二档电量为151～280度，电价每度上调5分钱；三档电量为280度以上，电价每度上调3角钱。夏天是用电高峰期，小明家的电表7月初显示数字0349，7月末抄表时显示数字0574，那么该月小明家的电费是多少？你觉得他家大概用了哪些家用电器？

图4—2—1

（2）一般情况下，电能表在套房的建造过程中已经由供电部门装好。但对于电气布线施工人员来说，仍需要对它的基本功能和特点有所了解。查阅相关资料，观察电能表实物，写出电能表的读数方法，并在图 4—2—2 中画出电能表的 4 个接线端子的接线顺序。

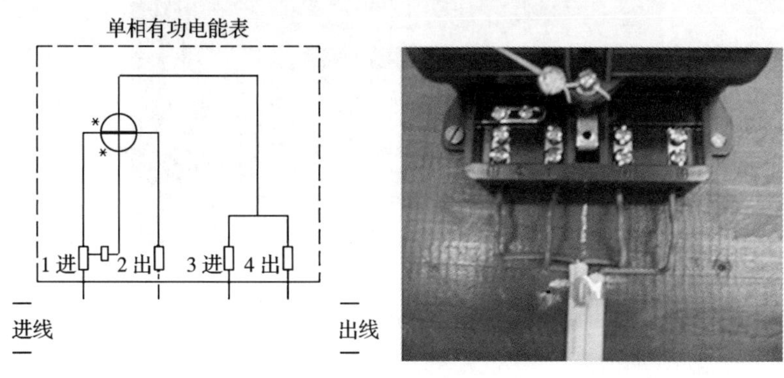

图 4—2—2

2. 配电箱

（1）查阅相关资料，简述配电箱的用途及常见种类。

（2）观察如图4—2—3所示配电箱实物以及待安装的配电箱和配套材料，写出配电箱的主要组成部分。

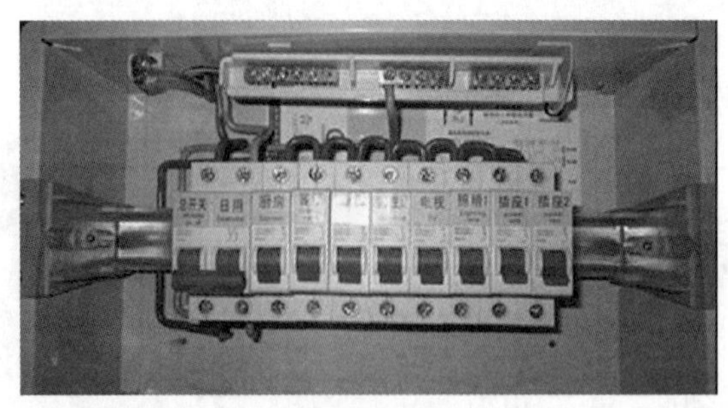

图4—2—3

二、选择所需工具和材料

1. 通过勘察施工现场，确定进行套房电气布线所需的施工工具（如开凿工具、登高工具等）。

2. 导线和开关的选择。

只有进行了用电负荷的计算（估算）后，才能确定开关和导线的规格，这是正确设计的基础。

家用电器的负荷计算可利用公式 $P=IU\cos\phi$ 进行。其中，P 为用电器具的电功率总和，单位 kW；I 为电流，单位 A；U 为电压，一般为 220 V；$\cos\phi$ 为用电设备的功率因数（其值≤1），对于电阻性负载（如白炽灯、电热类器具等）来说，其功率因数 $\cos\phi$ 为 1，对于电感性负载来说，其功率因数 $\cos\phi$ 一般小于 1，如电动机功率因数为 0.8、日光灯（气体放电类）功率因数为 0.8。通过公式计算出线路中的电流，即可选定导线及开关规格。查阅相关资料，说明如何根据线路电流选择导线及开关的规格，并回答下列问题。

（1）如果单相空调功率为 1.2 匹，则应选择什么规格的导线及开关？

（2）某套房共有白炽灯灯泡 20 个，每盏灯的额定功率为 25 W，日光灯 6 套，每套的额定功率为 40 W，电热水器 1 台，额定功率为 1.5 kW，应选择什么规格的导线及开关？

（3）确定各分路用导线的线径。

1）统计本任务套房中客厅、卧室、厨房、卫生间所有用电器具的数量与功率，记录在表4—2—1中。

表 **4—2—1**

名称	客厅		卧室		厨房		卫生间	
	数量	总功率	数量	总功率	数量	总功率	数量	总功率
照明								
电风扇								
电冰箱								
洗衣机								
电视机								
音响								
客厅空调								
卧室空调								
电饭煲								
计算机								
浴霸								
微波炉								
DVD 机								
吸尘器								
电热水器								

2）如前所述，不同负载的功率因数不同，统一计算家用电器负荷时可以将功率因数$\cos\phi$设定为0.8。也就是说，如果一个家庭所有用电器具的总功率为6 000 W，则最大电流$I=\frac{P}{U\cos\phi}=\frac{6\ 000}{220\times0.8}=34$ A。一般情况下，家用电器不可能同时使用，所以应乘以一个公用系数，一般取0.5。根据表4—2—1统计的数据，计算各分路的总功率及载流量，并记录在表4—2—2中。

表 4—2—2

分路名称	总功率	载流量
客厅照明用电分路		
卧室照明用电分路		
客厅插座用电分路		
卧室插座用电分路		
厨房用电分路		
卫生间用电分路		
客厅空调用电分路		
卧室空调用电分路		

3）导线的安全载流量是根据所允许的线芯最高温度、冷却条件、敷设条件来确定的。一般铜导线的安全载流量为 5～8 A/mm^2，铝导线的安全载流量为 3～5 A/mm^2。例如，2.5 mm^2 BVV 铜导线的安全载流量的推荐值为 2.5×8 A/mm^2＝20 A。根据铜导线的安全载流量的推荐值 5～8 A/mm^{2}和负载电流 I，可以计算出所选取铜导线横截面积 S 的大小，即 $S=I/(5\sim8)$。根据所学知识，选择各分路导线的材料，计算其横截面积与线径，并记录在表 4—2—3 中。

表 4—2—3

分路名称	导线材料	导线横截面积	导线线径
客厅照明用电分路			
卧室照明用电分路			
客厅插座用电分路			
卧室插座用电分路			
厨房用电分路			
卫生间用电分路			
客厅空调用电分路			
卧室空调用电分路			

（4）根据统计所得的各分路的总功率，可确定本任务总空气开关的规格为________，照明分路空气开关的规格为________，插座分路空气开关的规格为________，卫生间分路空气开关的规格为________，厨房分路空气开关的规格为________，各路空调空气开关的规格为________。

3. 插座的统计与成本预算。

根据施工图样和以上分析，汇总本任务所需插座的型号和规格，并通过上网查询或市场调查，了解各类插座的价格，预算本任务所需插座的费用，记录在表4—2—4中。

表 **4—2—4**

插座种类		型号和规格	数量	单价（元）	总价（元）
客厅					
卧室					
厨房					
卫生间					
总计					

4. 开关的统计与成本预算。

根据施工图样和以上分析，汇总本任务所需开关的型号和规格，并通过上网查询或市场调查，了解各类开关的价格，预算本任务所需开关的费用，记录在表4—2—5中。

表 **4—2—5**

开关种类		型号和规格	数量	单价（元）	总价（元）
客厅					
卧室					
厨房					
卫生间					
总计					

5. 线材的统计与成本预算。

根据施工图样和以上分析，汇总本任务所需线材的型号和规格，并通过上网查询或市场调查，了解各类线材的价格，预算本任务所需线材的费用，记录在表4—2—6中。

表 **4—2—6**

<table>
<tr><th colspan="2">线材名称</th><th>型号和规格</th><th>数量</th><th>单价（元）</th><th>总价（元）</th></tr>
<tr><td rowspan="3">照明线</td><td></td><td></td><td></td><td></td><td></td></tr>
<tr><td></td><td></td><td></td><td></td><td></td></tr>
<tr><td></td><td></td><td></td><td></td><td></td></tr>
<tr><td rowspan="2">空调线</td><td></td><td></td><td></td><td></td><td></td></tr>
<tr><td></td><td></td><td></td><td></td><td></td></tr>
<tr><td>网线</td><td></td><td></td><td></td><td></td><td></td></tr>
<tr><td>有线电视光纤</td><td></td><td></td><td></td><td></td><td></td></tr>
<tr><td>电话线</td><td></td><td></td><td></td><td></td><td></td></tr>
<tr><td colspan="5">总计</td><td></td></tr>
</table>

三、确定最佳施工方案

1．查阅相关资料，以小组为单位讨论确定本小组的套房线路安装施工方案，然后向全班同学展示，指导教师和全班同学一起讨论，形成一个最佳的可实施的套房线路安装施工方案，填入表 4—2—7 中。

表 **4—2—7**

<table>
<tr><th colspan="3">套房线路安装施工方案（小组）</th><th colspan="3">最佳套房线路安装施工方案（全班）</th></tr>
<tr><th>序号</th><th>施工步骤</th><th>施工内容</th><th>序号</th><th>施工步骤</th><th>施工内容</th></tr>
<tr><td>1</td><td></td><td></td><td>1</td><td></td><td></td></tr>
<tr><td>2</td><td></td><td></td><td>2</td><td></td><td></td></tr>
<tr><td>3</td><td></td><td></td><td>3</td><td></td><td></td></tr>
<tr><td>4</td><td></td><td></td><td>4</td><td></td><td></td></tr>
<tr><td>5</td><td></td><td></td><td>5</td><td></td><td></td></tr>
<tr><td>6</td><td></td><td></td><td>6</td><td></td><td></td></tr>
<tr><td>7</td><td></td><td></td><td>7</td><td></td><td></td></tr>
<tr><td>8</td><td></td><td></td><td>8</td><td></td><td></td></tr>
<tr><td>9</td><td></td><td></td><td>9</td><td></td><td></td></tr>
<tr><td>10</td><td></td><td></td><td>10</td><td></td><td></td></tr>
</table>

2．以最佳套房线路安装施工方案为依据，制定本小组进行套房线路安装的具体施工方案，填入表 4—2—8 中。

表 **4—2—8**

任务名称			任务起止日期		方案制定日期		
序号	施工步骤	具体工作内容			所需资料、材料及工具	负责人	参与人员
1							
2							
3							
4							
5							
6							
7							
8							

教师审核意见：

教师（签名）：______________

年　　月　　日

评价与分析

根据每个小组成员在本活动学习过程中的表现情况填写《学习任务过程性考核记录表》。

学习活动3　现场施工与交付验收

学习目标

1. 能按照作业规程应用必要的安全标志和隔离设施，准备现场工作环境。

2. 能正确填写工具与材料清单，并按要求以小组为单位领料。

3. 能按照施工图和电气布线工艺要求完成套房线路的安装，并时刻注意安全用电和节约原材料。

4. 能用万用表、兆欧表等仪表检测套房线路，进行照明线路、插座线路的故障排除，并通电试运行。

5. 能按照电工作业规程和生产现场管理6S标准，在作业完毕后清点、整理工具，收集剩余材料，归置物品，清理工程垃圾，拆除防护设施。

6. 能为客户讲解套房线路的使用、维护和保养知识，并交付验收。

建议学时：30学时。

学习过程

一、现场施工准备

1. 本任务的施工涉及多个房间，和以往单一房间的施工相比，在准备工作和安全防范措施方面应注意哪些问题?

2. 通过组间讨论，检查本组安排的准备工作和安全措施是否全面，若有遗漏，将遗漏之处记录下来。

二、填写套房电气布线所需工具与材料清单并领料

填写套房电气布线所需工具与材料清单（见表4—3—1），经指导教师审批后，以小组为单位到物料领用处领取物料，并认真核对所领用物料的名称、规格与型号、数量。

表4—3—1

序号	工具或材料名称	规格与型号	单位	数量	备注
1					
2					
3					
4					
5					
6					
7					
8					
9					
10					
11					
12					
13					
14					
15					

续表

序号	工具或材料名称	规格与型号	单位	数量	备注
16					
17					
18					
19					
20					
21					
22					
23					
24					
25					
26					
27					
28					
29					
30					

注：线管及接线盒、各类信息面板必须是阻燃型产品，外观不应有破损及变形。

三、套房线路的安装

套房线路的安装过程和客厅线路的安装过程基本相同，只是涉及的线路、设备更多，更为复杂。

1. 配电箱的安装

配电箱的基本安装步骤如图 4—3—1 所示，查阅相关资料，了解配电箱的安装方法，并回答下列问题。

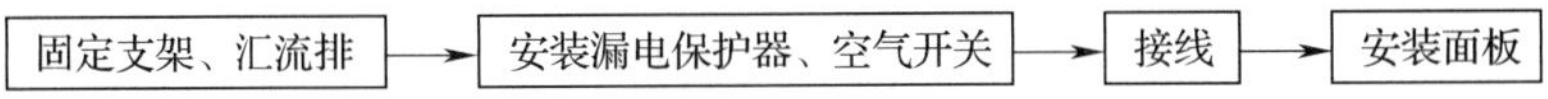

固定支架、汇流排 → 安装漏电保护器、空气开关 → 接线 → 安装面板

图 4—3—1

（1）固定支架和汇流排时需要注意哪些问题?

（2）如何将漏电保护器和空气开关安装到导轨上？

（3）漏电保护器和空气开关应如何与导线连接？

2. 厨房照明线路的安装

（1）仔细观察图 4—3—2 所示厨房装修效果图，结合厨房实际情况，按照施工图样确定厨房线路插座的数量以及安装位置。

图 4—3—2

（2）参照图 4—3—3 所示厨房照明线路布置图、厨房照明线路安装平面图和厨房照明电路原理图，绘制相应的厨房电气施工图。

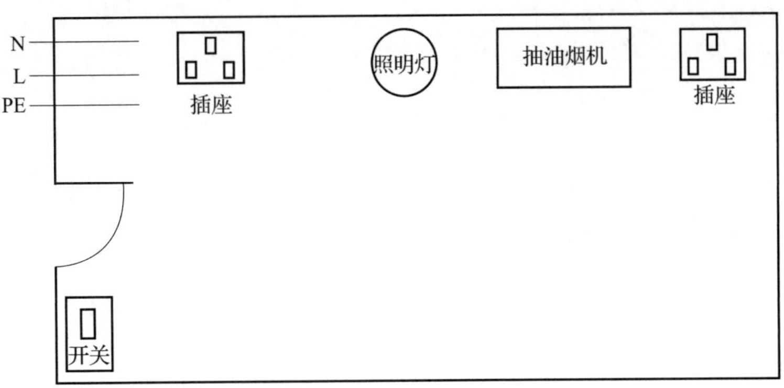

a）厨房照明线路布置图

（注：开关控制照明灯，抽油烟机电源由插座供电，同时安装备用插座一个）

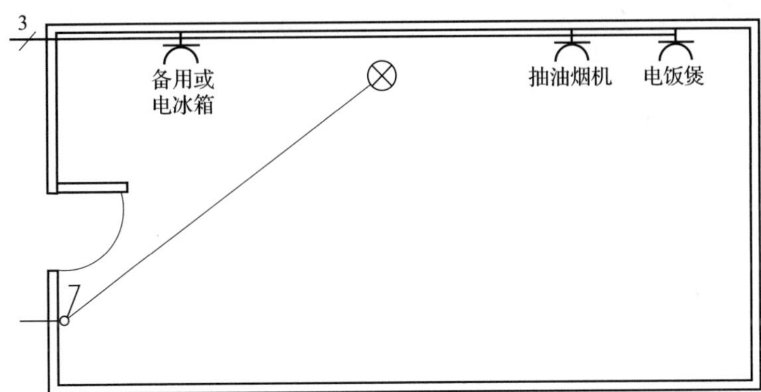

b）厨房照明线路安装平面图

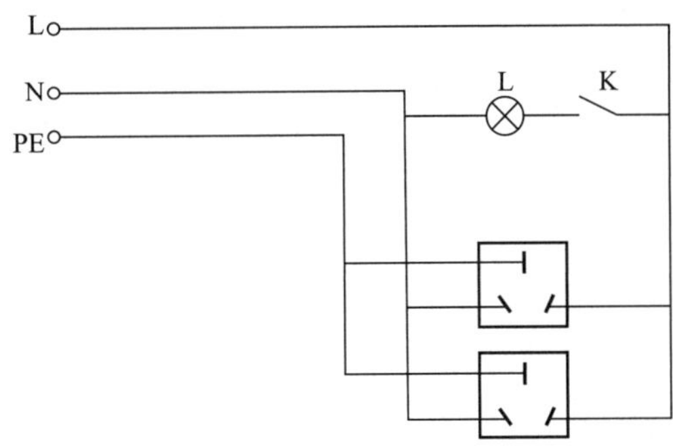

c）厨房照明电路原理图

（注：两条回路合二为一，采用一条支线）

图 4—3—3

（3）厨房电路中，抽油烟机的插座与电饭煲的插座安装高度一样吗？为什么？

（4）按照厨房电气施工图和电气布线工艺要求完成厨房灯具与插座的安装，并将安装过程中遇到的问题记录下来。

3. 卫生间照明线路的安装

（1）仔细观察图 4—3—4 所示卫生间装修效果图，结合卫生间实际情况，按照施工图样确定卫生间所需开关、插座的数量以及安装位置。

图 4—3—4

（2）本任务中卫生间是否需要安装浴霸？查阅相关资料，简述安装浴霸的方法和注意事项。

（3）仔细观察图4—3—5所示卫生间常用的防溅型四联暗装开关，简述其特点和安装注意事项。

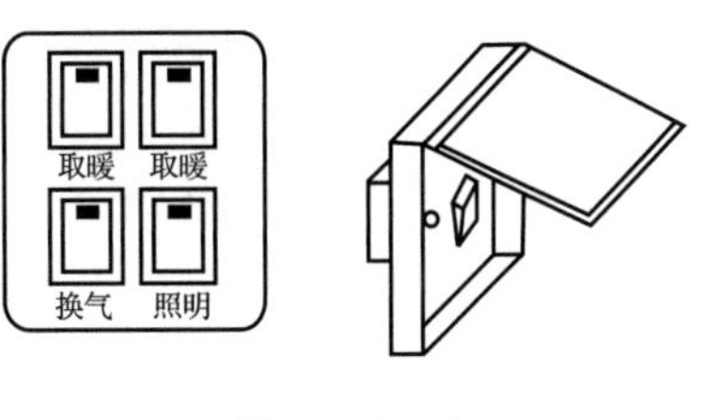

图4—3—5

（4）卫生间的插座应采用防溅型，且不能设在装有淋浴器的侧墙上，其安装高度为________m 左右。

（5）根据施工图样和卫生间实际情况，参照图 4—3—6 所示卫生间照明线路布置图、卫生间照明线路安装平面图和卫生间照明电路原理图，绘制相应的卫生间电气施工图。

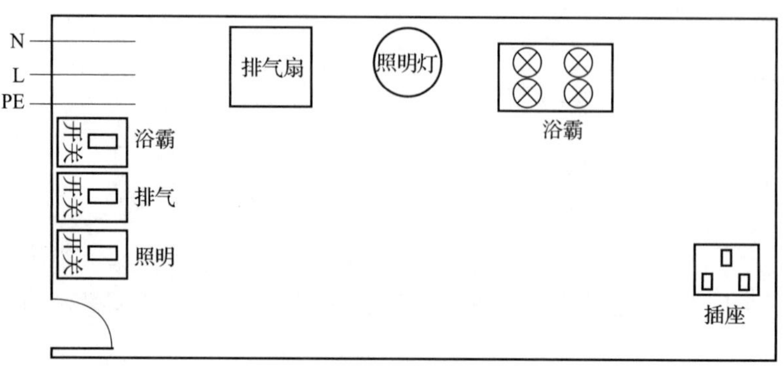

a）卫生间照明线路布置图

（注：照明灯、浴霸、排气扇由开关独立控制，同时安装备用插座一个）

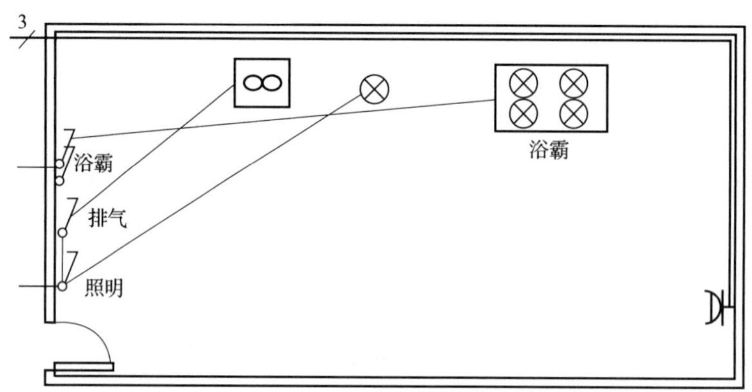

b）卫生间照明线路安装平面图

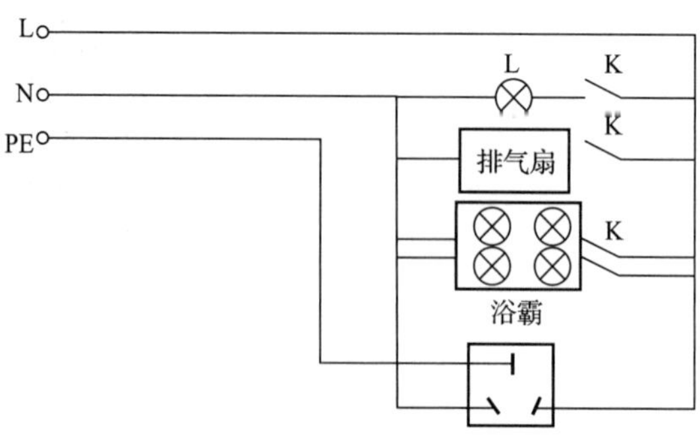

c）卫生间照明电路原理图

图 4—3—6

小提示

一般来说，浴霸的四个防爆热辐射灯泡（取暖灯共两组，两个一组）分别由两只开关控制，加上排气扇和照明灯，可用一个四联开关控制。本任务中，电气控制开关分散安装成一排只是为了看得更清晰，实际工程中不会这样安装。

（6）按照卫生间电气施工图和电气布线工艺要求完成卫生间照明线路的安装，并将安装过程中遇到的问题记录下来。

4．卧室照明线路的安装

（1）仔细观察图4—3—7所示卧室装修效果图，结合卧室实际情况，按照施工图样确定卧室所需开关、插座的数量以及安装位置。

图 4—3—7

（2）根据施工图样和卧室实际情况，参照图 4—3—8 所示卧室照明线路布置图、卧室照明线路安装平面图和卧室照明电路原理图，绘制相应的卧室电气施工图。

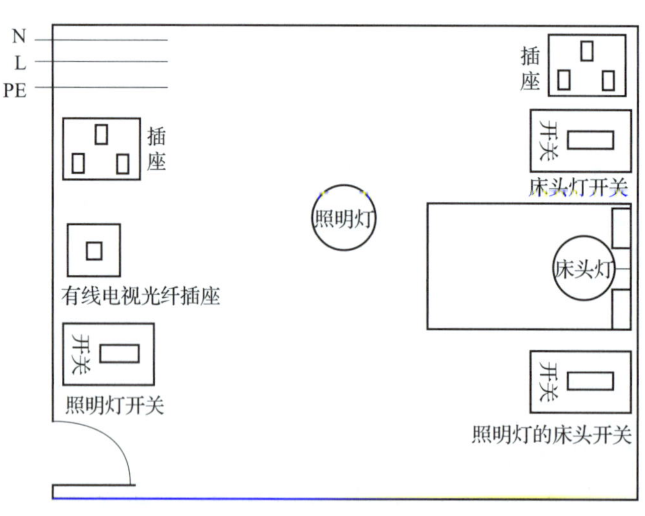

a）卧室照明线路布置图

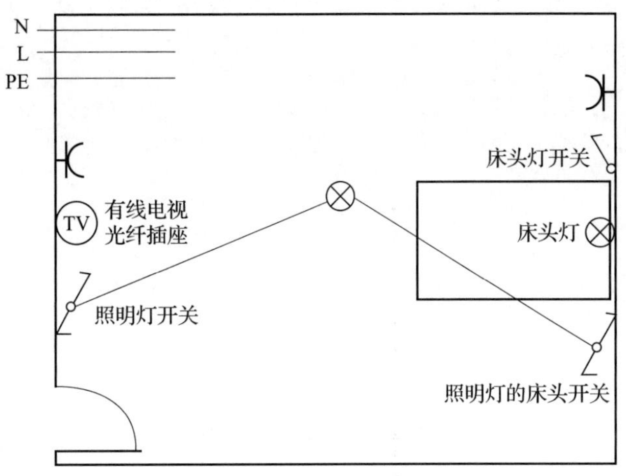

b）卧室照明线路安装平面图

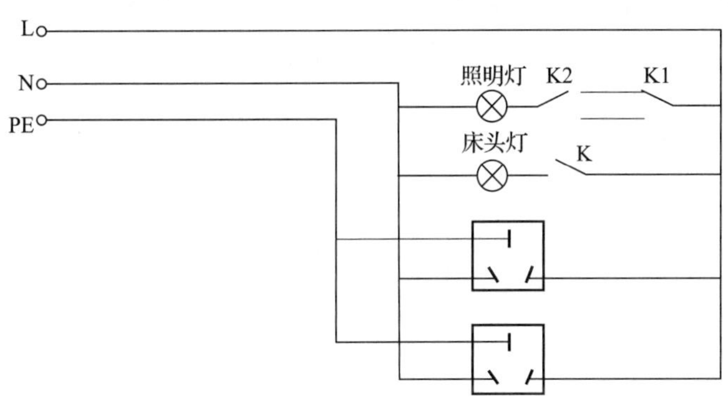

c）卧室照明电路原理图

图 4—3—8

（3）卧室照明线路一般为双联双控线路，结合前面所学知识，简述双联双控线路的特点和安装注意事项。

（4）按照卧室电气施工图和电气布线工艺要求完成卧室照明线路的安装，并将安装过程中遇到的问题记录下来。

5．客厅照明线路的安装

（1）查阅相关资料，明确照明灯具在客厅中的位置、安装高度、安装方式以及控制开关位置等信息。

客厅主灯位置：__________，安装高度__________；餐厅灯位置：__________，安装高度__________；射灯位置：__________，安装高度__________。

客厅主灯安装方式：__________；餐厅灯安装方式：__________；射灯安装方式：__________。

客厅主灯控制开关位置：__________；餐厅灯控制开关位置：__________；射灯控制开关位置：__________。

（2）仔细观察图 4—3—9 所示客厅装修效果图，结合客厅实际情况，按照施工图样确定客厅所需灯具、开关的数量以及安装位置。

图 4—3—9

（3）根据施工图样和客厅实际情况，参照图 4—3—10 所示客厅照明线路布置图和客厅照明电路原理图，绘制相应的客厅照明线路安装施工图。

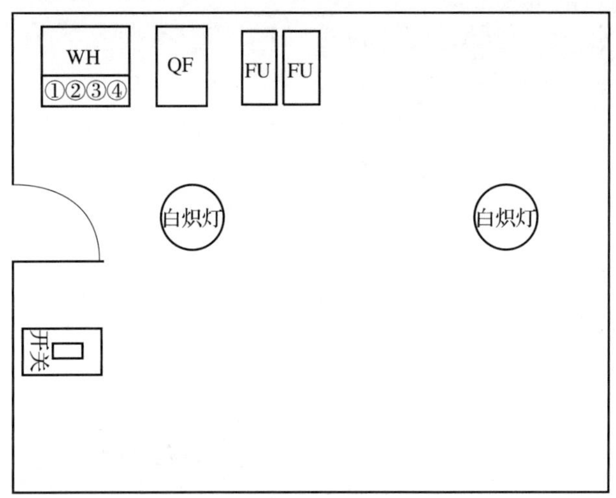

a）客厅照明线路布置图

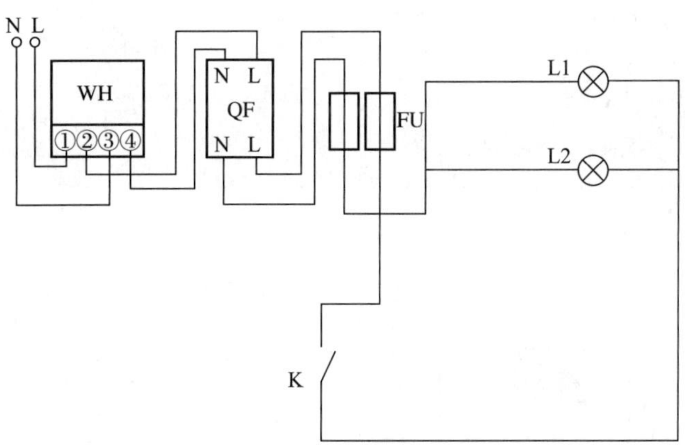

b）客厅照明电路原理图

图 4—3—10

（4）按照客厅照明线路安装施工图和电气布线工艺要求完成客厅照明线路的安装，并将安装过程中遇到的问题记录下来。

6. 电视背景墙照明线路的安装

（1）仔细观察图 4—3—11 所示客厅装修效果图，结合施工图样和客户实际需求，回答下列问题。

图 4—3—11

1）本任务中，客厅除照明线路外还应有哪些线路？

2）查阅相关资料，写出空调线、电话线、音箱线的走线规则。

3）有线电视光纤插座与电话线插座、网线插座敷线时可在同一线管中吗？为什么？

4）当弱电线路与强电线路平行时，其需保持怎样的距离才能不被干扰？

（2）根据施工图样和客厅实际情况，参照图 4—3—12 所示电视背景墙照明线路布置图和电视背景墙照明电路原理图，绘制相应的电视背景墙线路安装施工图。

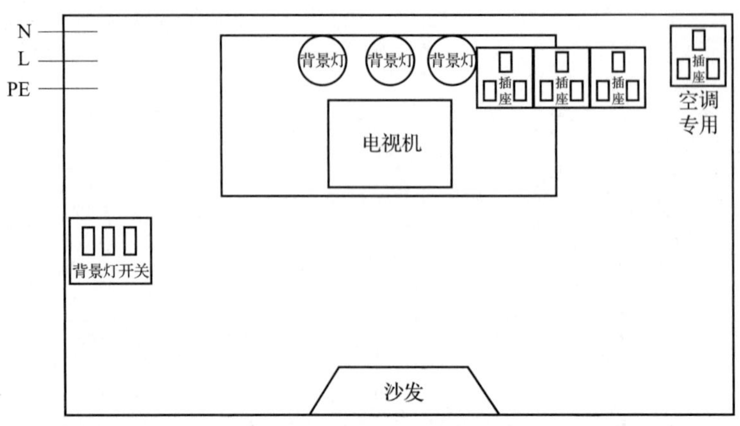

a）电视背景墙照明线路布置图

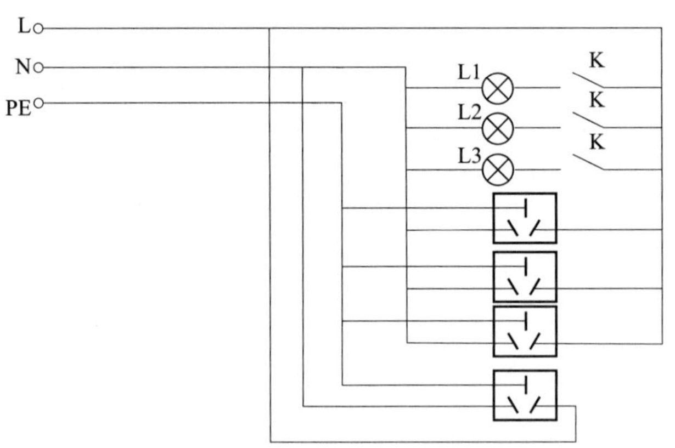

b）电视背景墙照明电路原理图

图 4—3—12

（3）按照电视背景墙线路安装施工图和电气布线工艺要求完成电视背景墙线路的安装，并将安装过程中遇到的问题记录下来。

四、套房电气线路测试

1. 参考前面任务中的方法对线路的各部分分别进行检查，将检查出的问题和处理方法记录下来。

2. 线路检测无误后，经教师同意，进行通电试验，检查线路接通后是否正常工作。如果存在故障，在表 4—3—2 中记录故障现象，并查阅相关资料，按照相应的检修方法进行检修。

表 **4—3—2**

序号	故障现象	故障原因	检修方法
1			
2			
3			
4			
5			
6			

3. 小组间交流讨论故障检修的过程，将其他小组有价值的故障检修经验补充记录在表4—3—2 中。

4. 通过小组间交流讨论，结合以下问题，梳理线路检修的一般方法和技巧，熟悉多种不同故障现象的检修过程。

（1）若检测发现有一盏日光灯不亮，可能是什么原因？如何排查检修？

（2）若检测发现有一开关与插座联体开关不能关闭灯具电源，可能是什么原因？如何排查检修？

（3）检查单相三极插座时，将万用表置于交流 250 V 挡，如图 4—3—13 所示，两表笔分别插入相线与零线孔内，万用表显示 220 V，再将零线一端的表笔插入接地孔内，此时显示为零，说明什么问题?

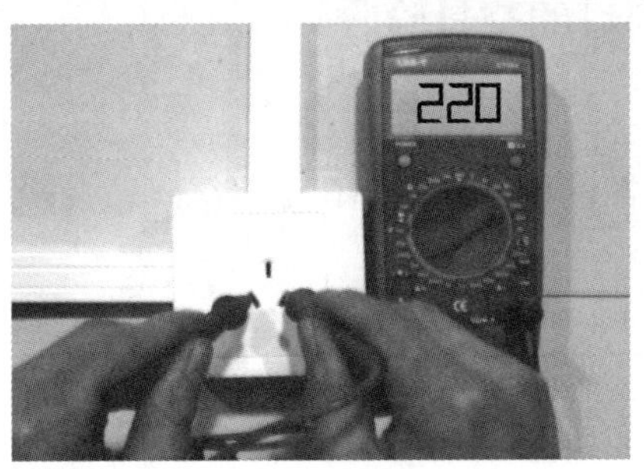

图 4—3—13

（4）查阅相关资料，结合检修实践，将表 4—3—3 补充完整。

表 **4—3—3**

故障现象	产生原因	解决方法
白炽灯灯泡忽亮忽灭		
灯泡发强烈白光，并瞬时或短时烧毁		
荧光灯光线抖动或两头发光		
灯光闪烁或灯光在管内滚动		

五、清理现场

施工完成后，若自检合格，应按照电工作业规程和生产现场管理6S标准，清点、整理工具，收集剩余材料，归置物品，清理工程垃圾，拆除防护设施。

六、套房线路安装项目的交付验收

1. 套房线路交付验收前，应拍摄或绘制电路竣工图，为日后维修提供保障。电路竣工图中必须标注施工后的元器件位置和尺寸。在下方空白处绘制或粘贴本组完成的电路竣工图。

2. 小组讨论并归纳总结本任务套房线路的使用、维护和保养注意事项，并为客户做讲解。

3. 套房线路交付验收。

（1）按照表4—3—4所列套房线路安装验收标准进行验收，并填写验收意见。

表4—3—4

序号	验收项目	验收标准	验收意见	备注
1	外观	无划痕、破损、裂缝，外观整洁、干净		
2	线路	线路工艺美观，便于后期修复		
3	通电运行	通电运行时，各电器正常运行，照明设备、开关、插座能正常使用		

（2）记录验收过程中存在的问题，小组讨论解决问题的方法，并填入表4—3—5中。

表4—3—5

序号	验收中存在的问题	整改措施	完成时间	备注
1				
2				
3				
4				
5				

（3）按表 4—3—6 所列验收标准验收家庭装修的隐蔽工程。

表 **4—3—6**

客户：______________ 工程地址：__________________ ________年______月______日

验收项目	验收标准	验收结果			
		优	良	中	差
管、盒暗敷	管、盒之间用锁母连接				
	管、盒之间用管接头连接				
	管件敷设应平直				
	管、盒埋置使用水泥砂浆填平				
	同一水平标高的线盒安装，平行度一致				
电线敷设	暗线敷设必须配管，遇不可铺接硬管处，必须改穿软管				
	强电、弱电不得穿入同一根管内，管内导线不得有接头				
	电源线回路截面积应与该回路用电设备最大输出功率相匹配，插座配线为单相三线制				
	电线与暖气管、热水管、煤气管平行距离≤300 mm，交叉距离≤100 mm				

工程负责人（签名）：	监理人（签名）：	客户（签名）：
总评：		

评价与分析

根据每个小组成员在本活动学习过程中的表现情况填写《学习任务过程性考核记录表》。

学习活动 4　工作总结与评价

学习目标

1. 能按分组情况，派代表展示工作成果，说明本次任务的完成情况，并做分析总结。

2. 能结合任务完成情况，正确规范地撰写工作总结（心得体会）。

3. 能就本次任务中出现的问题提出改进措施。

4. 能对学习与工作进行反思总结，并能与他人开展良好合作，进行有效沟通。

建议学时：4 学时。

学习过程

一、个人、小组评价

以小组为单位，选择演示文稿、展板、海报、视频等形式中的一种或几种，向全班展示、汇报制作成果。在展示的过程中，以小组为单位进行评价；评价完成后，根据其他小组成员对本组展示成果的评价意见进行归纳总结。

二、教师评价

认真听取教师对本小组展示成果优缺点以及在任务完成过程中出现的亮点和不足的评价意见，并做好记录。

1．教师对本小组展示成果优点的点评。

2．教师对本小组展示成果缺点以及改进方法的点评。

3．教师对本小组在整个任务完成过程中出现的亮点和不足的点评。

三、工作过程回顾及总结

1. 在团队学习过程中，项目负责人给你分配了哪些工作任务？你是如何完成的？还有哪些需要改进的地方？

2. 总结完成套房线路安装任务过程中遇到的问题和困难，列举 2～3 点你认为比较值得和其他同学分享的工作经验。

3. 回顾本学习任务的工作过程，对新学专业知识和技能进行归纳和整理，写一篇字数不少于 800 字的工作总结。

工 作 总 结

4-4-4 电气布线

评价与分析

按照客观、公正和公平原则，在教师的指导下按自我评价、小组评价和教师评价三种方式对自己或他人在本学习任务中的表现进行综合评价。综合等级按 A（90～100）、B（75～89）、C（60～74）、D（0～59）四个级别进行填写，见表 4—4—1。

表 4—4—1　学习任务综合评价表

<table>
<tr><th rowspan="2">考核项目</th><th rowspan="2">评价内容</th><th rowspan="2">配分（分）</th><th colspan="3">评价分数</th></tr>
<tr><th>自我评价</th><th>小组评价</th><th>教师评价</th></tr>
<tr><td rowspan="6">职业素养</td><td>劳动保护用品穿戴完备，仪容仪表符合工作要求</td><td>5</td><td></td><td></td><td></td></tr>
<tr><td>安全意识、责任意识、服从意识强</td><td>6</td><td></td><td></td><td></td></tr>
<tr><td>积极参加教学活动，按时完成各项学习任务</td><td>6</td><td></td><td></td><td></td></tr>
<tr><td>团队合作意识强，善于与人交流和沟通</td><td>6</td><td></td><td></td><td></td></tr>
<tr><td>自觉遵守劳动纪律，尊敬师长，团结同学</td><td>6</td><td></td><td></td><td></td></tr>
<tr><td>爱护公物，节约材料，管理现场符合 6S 标准</td><td>6</td><td></td><td></td><td></td></tr>
<tr><td rowspan="3">专业能力</td><td>专业知识扎实，有较强的自学能力</td><td>10</td><td></td><td></td><td></td></tr>
<tr><td>操作积极，训练刻苦，具有一定的动手能力</td><td>15</td><td></td><td></td><td></td></tr>
<tr><td>技能操作规范，注重安装工艺，工作效率高</td><td>10</td><td></td><td></td><td></td></tr>
<tr><td rowspan="2">工作成果</td><td>线路安装符合工艺规范，线路功能满足要求</td><td>20</td><td></td><td></td><td></td></tr>
<tr><td>工作总结符合要求，线路安装质量高</td><td>10</td><td></td><td></td><td></td></tr>
<tr><td colspan="2">总分</td><td>100</td><td></td><td></td><td></td></tr>
<tr><td rowspan="2">总评</td><td rowspan="2">自我评价 ×20% + 小组评价 ×20% + 教师评价 ×60% =</td><td>综合等级</td><td colspan="3" rowspan="2">教师（签名）：</td></tr>
<tr><td></td></tr>
</table>

附表

学习任务过程性考核记录表

任务名称：______________ 学习地点：______________ 学习时间：______年____月____日起至______年____月____日止

班级名称：______________ 团队名称：______________ 组长：______________ 教师：______________																												
序号	姓名	岗位名称	劳动组织纪律														职业道德与素养								专业知识与技能			
			早训	午训	迟到	早退	旷课	请假	零食	打闹	睡觉	离岗	游戏	闲聊	工具	卫生	仪表	礼仪	安全意识	服从意识	责任意识	态度	展示	6S	学习笔记	安装工艺	技能训练	工作页质量
1																												
2																												
3																												
4																												
5																												
6																												

记录说明：（1）早训、午训：指做操时迟到、早退或缺席；（2）迟到、早退和旷课：指上课期间考勤记录情况；（3）工具：指上课不带学习或实训工具以及工具不齐；（4）卫生：指所打扫工作台或实训室卫生不达标；（5）仪表：指不穿工装、不戴校牌、染发、必要时不戴工作帽等；（6）礼仪：指不按要求问好、不尊重教师、说脏话等；（7）安全意识：指乱动实训设备、电源，违章作业等；（8）服从意识：指不听教师或管理人员安排工作，顶撞或威胁他人；（9）责任意识：指做事不认真、敷衍了事，不爱护或损坏公物，浪费实训材料等；（10）态度：指不积极、不主动参加各种教学活动，没有团队精神等。

注：劳动组织纪律各项用“正”字的“一”表示违纪 1 次或旷 1 节课，职业道德与素养以及专业知识与技能分优、良、中、及格、不及格五等，分别用 A、B、C、D、E 进行标注。